高等院校“十三五”应用型艺术设计教育系列规划教材　总主编　罗高生

产品设计方法学

主　编　彭小鹏　钟　周　龚　敏
参　编　彭文芳　高占盈　尧优生
杨汝全　陈书琴

合肥工业大学出版社

图书在版编目（CIP）数据

产品设计方法学/彭小鹏，钟周，龚敏主编.—合肥：合肥工业大学出版社，2017.8
ISBN 978-7-5650-3456-5

Ⅰ.①产…　Ⅱ.①彭…　②钟…　③龚…　Ⅲ.①产品设计　Ⅳ.①TB472

中国版本图书馆CIP数据核字（2017）第164301号

产品设计方法学

主　　编：彭小鹏　钟　周　龚　敏　　　　责任编辑：王　磊
书　　名：产品设计方法学
出　　版：合肥工业大学出版社
地　　址：合肥市屯溪路193号
邮　　编：230009
网　　址：www.hfutpress.com.cn
发　　行：全国新华书店
印　　刷：安徽联众印刷有限公司
开　　本：889mm×1194mm　1/16
印　　张：7
字　　数：230千字
版　　次：2017年8月第1版
印　　次：2018年1月第1次印刷
标准书号：ISBN 978-7-5650-3456-5
定　　价：48.00元
发行部电话：0551-62903188

序

随着经济和社会的飞速发展，欧洲国家首先把人机关系运用到产品之上。早期的产品设计并没有进入人机关系研究系统，因此当时的产品常常并不追求舒适性，为了满足人们对于基本物资的需要和对简单生活的向往，更多的设计风格偏向于简练、留白式。直到 20 世纪六七十年代人们开始重新审视生活中的产品时发现：我们现在使用的产品还不如古人，在用户体验方面远没有达到最舒适的感受。改变的时候到了！

改变意味着创新，创新是设计活动中必不可少的环节，任何设计离开了创新就会变得没有价值，创新的本质要求设计要理解用户的期望、需求、动机，理解技术和行业的需求和限制，并且可以将已有的物品转化成产品的本身，或是产品本身的一种形式，但一定要求要在经济实力和技术上可以实行。设计活动可以说是一种开创性的活动，它以事实为依据，以客观规律为基础，然后运用大胆的想象力和灵活的思维去探测。

很多人把设计相关的活动都看成是实践与美学的同一，从实践层面上说，设计活动反映着事物与另一事物之间的物质往来，在实践过程中发现并创造了物质规律。美存在于每个人的心中，至于什么是实践与美学的同一，在不同的情境下有不同的感悟。

设计师的职责是将自己所热爱的专业技能转化为对消费者追求更好生活的支持，而不是单纯坐在办公桌前冥思苦想着“怎样设计出更好的产品”，他们需要以实际行动解决问题，提升消费者的用户体验，通过产品为大众服务。设计与多种学科产生交流，其综合性很强。设计要与商业、技术、工程、科学、艺术、文化相结合，设计不能一成不变，要在前人基础上做到创新，力求不同，否则该设计就只能称之为“空壳设计”。这个观点与很多人脑中固有的设计有所不同，很多理工科学生认为设计就要剔除艺术，做纯粹的设计，艺术给设计带来的负面影响远远超过它的正面影响。设计它本身就是一门交叉性学科，除了设计专业之外，还常常涉及管理学、商学、心理学、计算机、工程、人文、艺术等学科的交叉合作。也有人说艺术注重抒发情感，设计注重解决问题。所以，纠结于设计中的表达字眼，会让原本通透的事变得繁杂起来。纵观东西方设计历史上那些经典、优秀的作品都是基于现实生活的求真、求善、求美，是经验和生活智慧的表现。

这本书明确地描述了设计思维与设计实践的方式一直影响着我们的生活，我们生活在充满创意的年代，期待出现更多实用且美观的设计，这是我们的写作初衷。在追求情感体验的当下，设计面临着对传统的扬弃、对未来的探索，需要不断调适，使其在美化生活的过程中，最大限度地推动社会经济的健康发展。唯有如此，当代中国的设计才能在嘈杂声中成长。

前言

本书注重讨论产品设计的方法和思维。它由文字、图表、案例、名词解释等部分组成，穿插着科学的理论、巧妙的逻辑推理、经验论证、主观情感、前期讨论和实际案例分析。探求了当代“设计方法的规律”，以及我们“如何开始设计”这两方面思想观念体系。

对于“方法论”的一般理解是一套理论性的、描述性的、固定的行为规则，所以大多数的设计者都持怀疑态度。在艺术设计领域中，人们通常害怕探讨枯燥的方法论，学习方法论被看作是设计的瓶颈期。伏尔泰曾说过“理论化对于宗教如同毒药对于食物”。同样的比喻也被用于设计与方法论的关系中。

自 2011 年以来，当文学类别下的艺术学被分为第十三个学科后，设计就已经成了一个独立的名称，与哲学、经济学、文学、历史学、工学、管理学等学科都有着密不可分的联系。但在学术领域内，关于设计与各学科的联系和对立的争论声此起彼伏：是哲学的还是艺术的，文学先于设计还是设计先于文学，工程学科在设计中占有多少比重……又或者设计是不是商业、科学、工程、技术、艺术、文化？它们之间的关系怎样，谁包含谁，这些我们都将在文章中讨论。设计在不同学科里穿梭，不断吸收和影响着其他学科，设计的风格在时代发展中日趋模糊，少了地域差异，多了情感共鸣。因此，对于追逐利益的设计师和企业来说并无多大好处，但真正有潜质的设计师和公司必定会发现它的价值，并长时间受益。

如今，设计行业已步入正轨，广泛应用于建筑、工业、商业、运输、环境等领域中，虽说我国是制造业大国，但就设计而言，与欧洲国家还有一定的差距。不只是国与国之间的差距，地区和地区之间也有差距，要想全面提高我国设计水平，要从人们的感知面、认知面和使用面入手，真正做到为人服务，还要兴办设计展、设计比赛，提高群众的设计意识。近年来，国内的设计比赛大到全国性的，小到一个店面的，可谓是良莠不齐。这些设计比赛毫无疑问有一部分是真真正正地在推动着设计的进步，但很多企业所创办的设计比赛单纯地想推销公司，带着目的性的变相宣传，从而没有把心思放在选拔真正好的设计上，浪费了设计人才的心血和精力。

本书由彭小鹏（仲恺农业工程学院）、钟周（广东工业大学）、龚敏（广东工业大学）老师担任主编，参与编写的有彭文芳（广东工业大学）、高占盈（华南理工大学）、尧优生（仲恺农业工程学院）、杨汝全（仲恺农业工程学院）和陈书琴（仲恺农业工程学院）老师。本书注重把设计方法与实践相结合，激发学生的思维和创造力，从一些有价值的设计故事和案例入手，深入分析、讲解核心概念。同时，本书还增加了设计公司的案例分析、设计文书、考研相关题目等等供学生们参考和欣赏。

本书的写作方针是为了将产品设计与系统的思想和方法结合起来，通过案例分析，期待能探讨出产品设计的新方法，使之能达到为设计服务、为设计所用的目标。

编　者

2017 年 5 月

目录

contents

第一章　设计方法学概述

学习要点及目标

1. “设计”和“方法”的定义与理解
2. 设计与商业、技术、科学、工程、文化、艺术的关系
3. 产品设计方法的原则和案例分析
4. 现代设计方法的发展及前景

核心概念

“设计方法”(Design Method) 既可以说是一种哲学，也是一种方法，它让设计变得简明易懂。它有助于你了解问题与情境，以及确定需要解决的问题和如何去解决。从根本上说设计方法是研究设计过程的规律以及设计时的思维、工作方式的一门综合性学问，它以一种继承—共存—突破的形式存在着。

对于方法的解释大都比较宽泛，通常是指为了获得某种事物或达到某种目的的行为和手段。它在哲学、科学、设计和生活等方面有着不同的诠释和定义。学习设计方法是通过设计理论、实践总结出的快速掌握设计的一项技能。“产品设计方法学”将引领你了解当中奥秘，以引导学生对产品设计概念和方法的理解为主，结合案例分析，使枯燥的理论变得生动。

第一节　设计的理论基础

一、设计的定义

第一次世界大战以后不久，德国就建立了一所影响力十分广泛的包豪斯学院，起先名为“公立包豪斯学校”(Staatliches Bauhaus)，后来改名为“包豪斯设计学院”，也由此出现了很多以“设计”命名的课程，例如“印刷设计”“家具设计”“产品设计”“环境设计”等。从此，“设计”一词被广泛使用，设计成了一种职业的代名词，而且是一种交叉范围非常广阔的职业。随着时代的发展，设计在我们生活中随处可见，但是对设计的会意会截然不同。对于一些人来说，设计是一个新颖的物件被投放市场上，另一部分人认为是坐在工作室里拿着绘画板的人的工作。

设计是一个沟通、计划、愿景和实现愿景的过程。我们的先辈经过劳动改造世界，发明文字，使我们获得物质和精神上的充实。从原始社会到现代社会最基础、最主要的创造性活动就是造物活动。设计便是造物行为前需进行的预先规划，它是自古以来一切文明的集中体现，体现了人类思想和行为的主动性。它

是人类特有的素质和能力，是人类活动与动物行为的根本区别。

设计的主体是人，设计的终极价值也是人。它是人类的整体利益，是长期的、持续的发展。一个好的设计作品必须真正地解决人现实生活中的问题，作为产品设计中最主要的考虑因素就是人体参数，包括人体的心理参数和生理参数。生理参数主要通过测量，对人体结构和机能进行研究，观察人体在各类活动中的变化以及活动行为的惯性等参数。其次，通过分析人体视觉、听觉、触觉、嗅觉以及身体感官的机能特征点来分析人在日常生活、学习、工作中的生理变化。运用这些参考数据能使我们的设计更加“人性化”。除此之外，设计作为我们观念的汇集处，它的概念比较明显地带有时代性与区域性。例如，在第 18 世纪之前，设计被解释为艺术家在纸上画线；在德国 20 世纪 30 年代，设计被当作解决社会生活问题的有效办法；在法国，设计更多地被理解为“装饰艺术风格”，指的是艺术装饰或被刻意制造的时尚和别致的玩意儿；在美国被理解为商业赢利的策略。虽然我们不能像描述“衣服”那样的物性词一样去描述“设计”，也不能像描述“黑白”那样的属性词一样去描述它，但纵使是专业化的设计理论家与设计人员，他们对于“设计是什么”的理解也会有差异。不论在历史长流中，还是当今的设计领域里，在科学、建筑、工程领域的专家、学者都没有停止过对设计概念的界定。每个界定都在反映着设计活动的某个侧面的特性，似乎弄清楚这些界定我们就能真正理解“什么是设计”了，可事实却是更加紊乱。

我们对于设计的欲望是天生的。在选取、安排和制作模型的过程中，我们本身对设计的态度就决定了我们生活的质量。虽然一般消费者不会像专业设计师那样从设计产品到投放市场亲身经历整个流程，我们在生活中所涉及的设计范围也很有限，但我们在某种程度上会不断地被卷入设计选择中，我们影响着别人的设计，同时也受别人的影响。

我们每个人都能称得上是设计师，在一天中大部分时间我们都在进行设计活动：当我们选择一条乘车线路的时候；当我们想出一个托词的时候；当我们计划这一周的安排的时候……设计是日常生活中最基本的活动。设计是人的精神性的活动，可以表示动词也可以表示为名词。动词代表某种行为，而名词则代表这一行为的结果。不管是动词还是名词，设计总要依靠产品来进行对外交流与展示。但真正的设计是精神性的活动，这是因为我们可以看到的任何的设计行为——市场研究、草图、模型等，没有思想的指导是无法完成的。

设计具有目的性。任何设计活动都是为了满足人特定的目的而开展，空调是为了取暖与制冷；自行车和飞机是为了移动；闹钟是为了叫醒沉睡的人；为公共产品设计是为了提高幸福感；为公司计划设计是为了获利；为社会制度设计是为了体现公正……这一切都是具有目的性的设计。

设计面向未来。过往已是不可变的范围，而将来具有无尽的可能，设计是对于将来的可能性的探索，人们正通过自己的努力在改变着未来的生活方式。

设计是创造性的。设计从古人为了生存，第一次制作工具开始到现在的无处不在，不论是方式的改进还是内容的革新，都无不显现着人类的智慧。创新需要发散思维能力，包含三种因素：一是怀疑与摸索，即要对已有的产品持怀疑态度或者再思考，对还未涉及的领域进行摸索而有新发现；二是革故鼎新，敢于对“权威”、上级提出自己的观点；三是敢于否定自我，把自己一向认为对的事情经过再认识，发现当中的不足，扭转已经固有的看法，重新认识该事物。

设计是一种适应性的选择。是指在总体不变的情况下，对现有产品的某个局部进行改变，使其更加适应整体，提升整体的功能和外观。在不同的时代，不同地点，不同文化风潮，不同的经济、技术条件下，或是不同族群的观念影响下，设计的适应性会不同，我们要根据外部环境采取最适合的选择，小到牙签大到汽车，设计的合理、适用就体现在对人们使用的适应性上，是选择产品的最佳条件。

设计是根据社会的需求和社会构造的发展趋势而发展的，是一种创造性的、综合性的实践活动，目的是方便人类的生产和生活。既包括一个组织、一项规则、一个体制或者一个生态平衡模式等，自然也包括物质方面的如机械工具、日常生活品的设计等。因此，可以推断为人类周围具有生物性和社会属性的创造性活动都可以称为设计。

设计又是创新的。具体而言，从事设计工作的人每天都从事着创物劳动；不同行业之间有着不同的创物方式。同时，设计又受到客观条件与技术条件的约束。艺术即是客观事物在主观思维中的再现形式，其性质侧重美学范畴。设计从它出生之日起就与艺术、商业、经济、工程、科学有着密不可分的联系，下一节会具体分析它们之间的关系；现代设计的价值所在主要靠产品经济来实现，所以我们在探讨设计的方法时不可避免地要了解到产品设计的定义：产品设计是满足人们对于事物功能的需求和优化生活方式的承载体，而设计方法是实现总体规划目标所制定的总的方法；因为产品设计需要涉及许多学科背景、许多工艺技术，需要依靠相应的技术方法和设计程序来解决问题，所以设计方法其实就是这些目标的观念化指导思想。产品设计的作用是试图从思维的高度去引领设计师实现“人与物、人与环境”关系的辩证理论基础。

近几年“大设计”一词广泛出现，部分高校学者和设计师致力于把设计推向更广的领域。“大设计”是当前学术界提出的一个全新的设计概念，力求扩大设计的内涵与外延，从更广阔的视野包容新旧设计形式，以便实现它们更广义、更普遍、更直观的交流与融合。

传统的产品设计可以这样表述：通过科技人员的创造性劳动，将经过科学决策后拟定的产品，从设想、研究、构思变成一个在技术上能满足用户的功能要求，成本尽可能低，且符合美学规范的实施方案，设计过程一般要经过“设计—调试—实验—改进设计—再调试—再实验”这样一个循环往复、螺旋上升的模式，通过这一模式使得产品的水准不断提升。当然这种设计观点是一种狭隘的、简单的设计观点。传统设计观与当今“大设计”观有些不同，具体表现在：

（1）传统设计仅仅是对产品的结构设计方案或工艺方案进行优化，大设计观则着眼于大设计系统的整体优化。

(2) 传统设计主要考虑技术方面的问题，而大设计则要从技术、商业经济、社会诸方面综合地考虑问题。

(3) 传统设计的方案决策主要决定于产品或工艺的功能方面，大设计的方案决策则主要决定了大设计系统本身的经济效益及该系统为整个国民经济带来的效益。

(4) 传统设计虽然是一个循环反复、不断创新的过程，但其设计方法基本上是静态的。大设计则主要采用动态的计算方法，并对大设计系统投入运转后的未来状况进行必要的不确定性分析。

(5) 传统设计必须要求设计人员具备相关设计知识的深度，掌握较先进的设计程序和方式。大设计不仅要求设计者具备一定的专业知识，并且要求具备一定广度的经济科学、管理科学等方面的知识。唯有这样，才能实现大设计系统的整体优化。

(6) 传统设计可以由一人独立进行，大设计则必须由团队有组织地进行。

工业设计已经逐渐成为现代社会的技术和文化基础，设计从猿人第一次制作工具到现在，不仅创造了我们这个世界，现在也可能以同样的速度毁灭这个世界，很多产品作品的出现不仅没有实用价值，而且会浪费大量的资源和污染环境，我们提倡设计者研究其科学性，提倡把设计素养当成是新时代下人们的基本素养。

当今世界的趋势已然是一个设计竞争为主的发展方向，我们面临着工业社会以来设计中旧观念的根深蒂固和新观念的强烈冲击，我们必须唤醒全民设计的大智慧，需要塑造设计的灵魂，使普通生活者的设计观念和对设计的欣赏水平跃升到新的境界。[①]

二、设计的要素

设计是研究人类事物的科学，在《关于人为事物的科学》一书中，赫伯特 · 西蒙首次提出了设计学要研究人与人造物、人与人为事物的关系。如果说设计的基本要素是人、事、物，那三要素中的重点是“人”，或者可以说设计的根本在人，设计者设计的产品往往要经过人去消费才能完成其自身价值，要引导人去消费就必须了解消费者的消费心理、消费需求。只有认清设计是以人为本这一观点，才能更好地面向未来发展。

首先，设计是为人服务的。不同民族、不同地域、不同生活习惯都会产生不一样的用户需求，现代社会新材料、新技术、新色彩、新功能、新思维的出现都是为了满足人们的新需求。从设计服务于人的观点来理解，设计的价值因为对象的不同而有所差异。

如果设计对象是企业老总，那就要考虑商业价值，定位市场需求。毫无疑问，企业是以营利为目的的，如果你的设计能为企业解决实际问题并且盈利，那你的设计就是有价值的，就是好的设计。

设计对象是底层大众或者农村地区，那就要考虑到社会价值，比如：循环设计、可持续设计等。当资本市场在研究 CK 香水的下一季主打商品时，还有很多偏远干旱的地区很多人没水洗澡；当服装设计师们在米兰时装周大展身手时，还有很多人没有鞋穿。贫富差距越来越大，设计师不能改变他们的天然条件，但可以运用设计帮助他们提高生活质量。

设计对象如果关注人文情感，那在设计中就应该加入情感化设计，往人文关怀、艺术感方向靠近。关注亲情、友情和爱情，以真实情感去设计文化创意产品、公共艺术品、工艺美术品等。

很多价值又是交叉融合的。比如一副 3D 眼镜，既应用了光学和材料学的技术成果，又关注了人们的情感需求，还可以带来很大的商业利润，这是一个比较成熟的设计综合体。

设计师按照预先设定的目的从事设计实践活动，必然就要将设计的工作面转向物的层面。考虑使用各种物理材料、化学功能、心理方法，从而由特殊的质量结构、材料、工艺、使用角度来寻求最佳组合，保证设计目标的实现，满足客观要求。

设计以物为媒介来完成物与物、物与人、物与环境之间的协调，因此网络关系中的各种要素要协同构造设计的基本内容。就像《简明不列颠百科全书》中对“设计”两个字的描述一样：“设计通常要受到四种要素的限制：材料的性能，材料的加工方法所起的作用，整体上各部件的紧密结合，整体对于观赏者、使用者或受其影响者所产生的效果。”这四种要素具体是指设计的功能要素、技术要素、形式要素和经济要素。

设计要素首先要相互联系，其次再融合成为一个整体，为了能够更熟知其内容，分析总结有以下几个方面：

（1）功能要素包括实用功能、认识功能、象征功能、审美功能；

（2）形式要素包括形态、色彩、肌理；

（3）技术要素包括生产技术、产品技术、操作技术；

（4）经济要素包括效率、价格、销售、服务等。

①朱红文 . 从哲学看工业设计的问题及其出路 . 哲学动态 ,2000（5）.

在工作和学习中，你是否有留意过书桌表面总是会有一个角落布满灰尘，当积累到一定厚度的灰尘后你甚至不想去使用角落里放置的文具或者书本，偏激一点的消费者可能会选择直接扔掉这些东西，去购买新的产品。但是桌子角落隔段时间还是会有灰尘，而且你不会在意，只有当积累到一定的厚度的时候你就会想起去清理。这是因为这些地方是我们不经常使用到的盲区，这些盲区来自于我们手臂与肩的数据。（图 1-1）

图 1-1

在人机工程学中称这一盲区以外的地方为作业域，布满灰尘的地方是因为已经超过了人的作业域。如果你久坐在办公桌前不起身，即使你把手臂伸展到最大幅度，也是很难取到盲区内的物品。桌角与电脑后面就是最大的盲区，根据这个盲区，我们可以摆放些不实用的装饰产品，比如相框、招财猫等。

因此，在设计要素中尽量要考虑到功能要素，不管设计的物品有多大，我们能够方便使用的区域其实就只有一个固定范围，例如：有一个长度为 1.5 米、宽为 0.5 米的办公桌，这个尺寸已足够满足一个成年人的工作使用和需求，但经过实验证明在长度为 1.2 米、宽为 0.4 米的范围内是活动最舒适的面积。如果在空间非常有限的状态下，为了给用户提供更大的活动范围，同时节省空间，可以沿着手臂作业区域的弧度将办公桌设计成半圆弧形状，来达到最大的利用率。与此同时，反向的圆弧形则会大大消减作业空间，例如圆形的桌子。

令人困惑的是，虽然我们都明白这个道理也发现了这个问题，我们在生活中还是仍然可以看到尺度异常的老板桌、巨型书柜，而且市场效应还不差。这是因为人的心理因素在作祟，一些老板会特别注重形式感，不实用没关系，只要看起来大气就行。这些异常的产品只是为了满足消费者的内在需求，在身份以及地位的体现上，或者在思维概念上起了非常大的作用。

功能要素解决后就要考虑这个产品的色彩、肌理搭配如何协调，然后同技术人员商议这类产品的技术

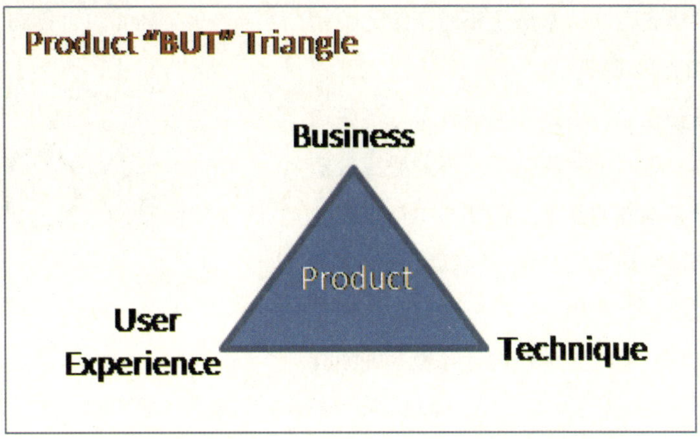

图 1-2

支持，最后投放生产，然后进行市场价格规划、销售等等，如此循环往复。在市场经济中，产品设计的三个要素为：可能性、可行性和期望值。(图 1-2)

B：Business，代表三要素中的商业可行性。

U：User Experience，代表三要素中的用户期望值。

T：Technique，代表三要素中的技术可能性。

三、设计的原则

设计师在确定或接受主题的全过程中应遵守规则和标准。设计所制定的规则通常要经过大量的设计实践才能形成，设计原则是对设计实践和理论的归纳和提炼，是必须遵循的，用设计原则来指导设计的实践活动，并接受实践的检验证明。设计的一般原则应包括以下内容：

（1）功效原则：主要强调设计过的产品要比未经过设计的物品更加具有好的功效，包括功能的改进与扩展，效率的提高，能源以及成本的考虑等。

（2）机制原则：要求设计过的产品必须要比未经设计师设计过的物品更加符合人的物理和机械机制，用最小的力做最大的功。

（3）选材原则：要注重设计产品的功能和审美原则，选取适合的材料，以胜任其使用用途和竞争需求。

（4）构造原则：尽可能在设计过程中逐渐删除掉不必要的部分，以达到结构合理、内容恰当、整体简洁、结构清晰、使用方便的效果。

（5）形式原则：设计的产品要符合时代审美的需求，要针对消费者的兴趣爱好去创造有特性的外观造型和色彩，肌理表现也要恰到好处。

（6）经济原则：需要考虑到不同社会阶层的购买能力，针对不同人群设计出合理的消费。

（7）美观原则：大部分人是凭第一视觉感受去购买产品，所以美观原则必不可少。

（8）可持续原则：既要满足现有的需要，又要不破坏子孙后代的长久资源。

总结以上原则，设计师在设计过程中应当遵循的基本信条是：使用方便，结构合理，材料适宜，技术精良，形式美观。

就像著名的德国工业设计师迪特 · 拉姆斯（Dieter Rams）所认为的，设计活动是革新的、美观的、实用的、便于理解的、谨慎克制的……这些都可以从他的设计作品中反映出来。(图 1-3)

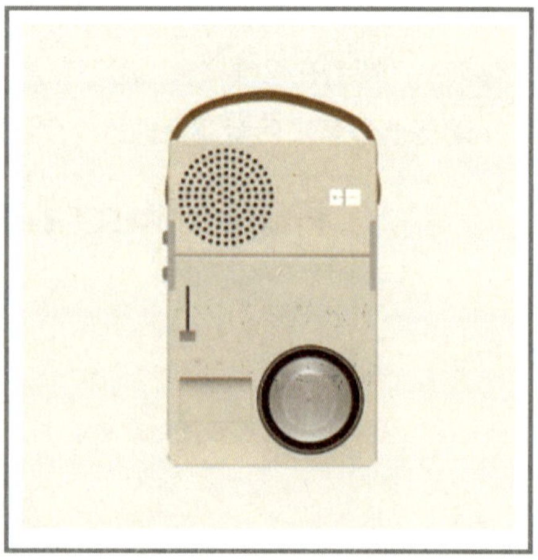

图 1-3

工业和现代技术作为一种历史存在，本身是不可否定的，相反的是，它是我们进一步前进的根本基础。

在当今的中国缺的不是设计理论、不是知名设计师、不是成功获奖的作品，而是对“设计”这两个字的共识，不管是高校知名老师还是设计师都对于设计有不同的看法，在学科中存在设计是一门独立的学科还是属于艺术学科下的争论，又或者设计是不是商业活动、设计是不是工程等之类的争论。在社会共识中，设计师这个职业还没有被正确认识，部分人认为设计只是单纯画画图纸的工作而已，这个行业还没有被普遍重视起来，想要得到普遍认识离不开国家的支持，我们现在的发展也由“中国制造”向“中国创造”过渡。

四、设计与技术、文化、商业、科学、工程、艺术的关系

1. 设计与技术

设计不管从广义还是狭义方面来定义，设计所指的为了人类的需求而进行的一系列创造性活动包括规划、体系、行为、产品创意等都可以概括为设计思维的表现和输出。而技术是解决问题的方法以及方法的原理，是人们在改造自然的过程中慢慢积累起来的学问、经验、本领和手段。

技术是人类为了满足自身的需求，在自然规律的前提下，在长期利用和改造自然的过程中形成的手段和技巧，是人类利用自然、改造自然的方法和技能。

一项新技术的诞生评判它是否有存在的价值和意义，关键在于它是否可以转化为生产力，是否可以成为市场上的销售产品。在设计过程中起着不可替代的关键作用，离开技术支撑的设计活动注定会停滞，无法进步，甚至无法实现；离开了设计的技术将不会有任何活力，这是不可避免的结果，而且最终可能会惨遭消失的命运。

设计是发展的，技术也是发展的。驱动设计不断向前发展的动力是人的需求，驱动技术发展的动力是商业价值和人的需求。设计是你想做某件事的想法，而技术是你做这件事的能力。

有时，技术相对于设计较为滞后，比如概念设计；相反，有时设计相对技术也会较为滞后，有技术却无法发现设计机会。但从整个历史进程来看，两者都是按照人类的需求层次来发展的，且两者的步调都较为一致。设计不断选择技术，利用技术创造新的设计。比如，2016 年被称为“VR 爆发元年”，VR（虚拟现实）技术被广泛应用在产品中。

柳冠中老师在《设计：人类未来不被毁灭的第三种智慧》一书中提到：事物的变化和更替，更多的是被“需求”驱动着，需求在先，既是时间的先，也是逻辑的先，需求决定了创造的目的、方向；而技术决定创新的可能性与成本。需求创新是对生活方式的创新，也是对文化的创新，在市场经济体制的刺激下，新事物不断地被催生，从而激发“需求”，效率与利益同时也驱使“技术”不断地改头换面，迅速发展，无孔不入地被应用于生活和工作的各个方面。

所以，技术决定创造的可能性，设计决定的是创造的目的与方向。而且技术也因为商业价值的驱使，不断地更新，而它的商业价值的体现，则需要设计不断地选择，并且改头换面地应用在生活和工作中。

2. 设计与文化

文化是什么？

广义的文化是指人类社会在长期发展的过程中所创造出的物质财富和精神财富的总和。狭义的文化是指一种社会意识形态，例如政治、法律、哲学、文学、艺术以及人们衣食住行各种伦理道德、人际关系等都可以称作狭义文化。

关于文化泰勒和克罗伯分别给出了不同的定义：

文化是一个复杂的整体，它包括知识、信仰、艺术、道德、法律、风俗以及作为社会成员的人所具有的其他一切能力和习惯。——泰勒（Edward Burnett Tylor）《原始文化》（1871）

文化是包括各种外显或内隐的行为模式，通过符号的运用使人们习得并传授，并构成了人类群体的显著成就；文化的基本核心是历史上经过选择的价值体系；文化既是人类活动的产物，又是限制人类进一步

活动的因素。——克罗伯 (A. L Kroeber) 、克拉克洪 (Clyde Kluckhohn)《文化：概念和定义的批判性回顾》

外显行为模式：存在于语言和事实所构成的规律之中，可以直接证明和总结出来，它构成了文化的内容和形式。

内隐行为模式：对外显行为模式的进一步分析的结果，它潜伏于文化承载者的最为精深美妙的自我意识之处。内隐文化构成的文化主题，在根本上不被群体成员所熟知，人类学家把这些无意识的含义系统概括为文化的逻辑起点，外显行为就是以此而组合的。

抛开定义，我们可以肯定的是，文化是作为人所特有的产物。文化具备人的属性；文化是属于群体，而不是个人。

设计与文化之间的关系可以用李砚祖老师的一句话来总结：一个国家或一个民族设计的文化身份，总是在其设计形成与发展的过程中创设和积淀，它必然性地成为国家、民族文化意志的表达，并同样具有确立身份、揭示身份的功能。把设计作为一种工具来修饰自己的文化身份，并用设计来创造和赋予人们以一定的文化身份。设计的文化身份，就是设计的文化符号。

设计本身不是文化，但如果设计的产品或者其反映的文化符号被大众群体所传播而沉淀，成为民族文化意志的表达，那就会形成一种文化。

随着现代知识社会的前进，创新形态正在发生改变，设计也由专业设计师的工作转向更广泛的用户群体。设计发展至今，人们慢慢明白设计不是为了金钱和名望，更不是空谈，而是以人为中心、为人服务。如果说这是设计的时代，市场竞争就是设计的竞争，而设计竞争的背后则是文化的较量，一个国家要有本国文化作代表才能够区分开来，才得以屹立在人们心中。

文化是人后天学习所得的，而不是天生或遗传的。因此，所有社会都必须设法确保文化完全从一代留传给下一代。这一留传过程即所谓的濡化。个体成长的家庭、社会、文化环境等因素都会对这一过程发生作用，而个体的自我、人格、意识与潜意识等的形成都与这一过程有关。与社会学里的“社会化”或“濡化”等概念类似，都是外部规范进入个体内部的过程，社会化更关注人与社会的互动关系以及社会角色的塑造，而濡化则更关注于传承的文化模式对人的影响。

如何整合设计中的文化因素并传承其意义呢？首先，我们必须先承认三维建模语言也是众多的符号系统中的一种，它可以有不同的含义存在。一个三角形与一个平行四边形相比，在“稳定性”上所表达的意义是完全不同的。同样的，哥特式教堂的尖顶高耸地指向天空所表现的是上帝的神秘与崇高，故宫地图的平面铺开，庞大对称所体现的是帝王的尊严与权势。在此基础上，文脉的表现结构可分为以下三种方式：符号形式，符号结构，符号意义。

符号形式：在符号层面上的表现为通过移植、拼贴、嫁接一些具有象征意义的形式，来获得所包含的符号意义，这也是后现代主义与解构主义经常使用的手法。但是他们对历史符号的运用并不是单纯的模仿与复制，后现代主义对符号的运用偏向于折中，而解构主义则通常是模糊不清的，从而给受众提供了最大意义的解读空间。值得提醒的是，现代抽象雕塑与立体派绘画也是采用符号形式来传达意义的，例如女性身体雕塑便是将乳房、腰部、臀部、颈部等形体的符号结构打散，按照非常规化的结构组合方式保留其象征意义，虽然它已和正常女性身体的形态有所区别，但仍可以使关注者知道这是一个女性身体。这种表达方式对于受众来说既感到新鲜又享受了视觉刺激。因此，通过符号形式来表达文脉，需要结合巧妙的手法。如果只是因袭模仿，就好像给日本人安上了希腊人的鼻子，我们不但不会联想到他有“欧洲血统”，反而会觉得不伦不类。

和这类手法相似的是夏利汽车移植了奔驰的散热器形式，想要获得别人所具有的文脉意义，但结果适得其反。设计可以表现文脉，但绝不应该只停留在形式的层面上。

符号结构：此处的结构并非是指客体的物理结构，而是主体的感知结构。从结构主义的观点来看，结构是由各种规律构成的体系，那么符号结构就是符号间的组织关系。人类对事物感知的整体性来自于各部分之间规律的关系。文字是一种符号，而文字之间的构词法、语法等可以组成词组、句子、段落，所以才会有散文、诗歌、八股或小说等各种体裁。由此可知，对于造型符号来说，符号形式与符号结构两者共同维系着主体对事物的整体性感知。所以，从故宫到府邸，从达官贵人的豪宅到平民的四合院，都可以认为是同构的；同构而不同形，较之于同形而不同构是更高层次的手法。因为在人的感知过程中，结构对产品整体性的贡献是首要的。整体性质的显现主要由结构影响而不是各个组成部分："结构的组成部分受制于内在规律的支配，这一规律决定着结构和结构各部分的性质，这些规律在结构之内赋予各组成部分的属性要比这些组成部分在结构之外单独获得的属性要大得多。"这个观点早就被格式塔心理学派的实验所证明。例如：一个柱体与锥体共同组成的贯穿体，"贯穿"已成为整体性质的最主要部分，而非其单个组成部分。以例为证，菲利浦 · 斯塔克设计的 AXOR 水龙头（图 1-4）与过去的压力水井便是"贯穿"上的同构。

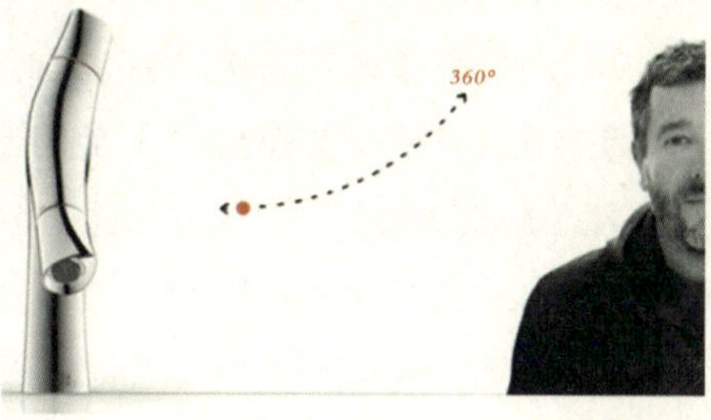

图 1-4

符号意义：不管是形式的还是结构的，我们都可以将之看作为一种手段，其最终目的是获得形式和结构背后所蕴涵的意义。我们要摆脱以往固有的形式和结构，要以全新的形式和结构去重新诠释、发展那些需要承接的意义，这才是设计文脉的最高境界。奔驰汽车一直被认为是一种荣誉的象征，但纵使有些轿车品牌移植了奔驰车的某些外观造型，还是不能获得"尊贵"背后的文化意义，我们中国的设计也是如此，我们需要发展属于本国的、全新的结构形式去展示属于自己的"尊贵"。

对于文脉的定义，不仅仅局限在对历史和文化本质的承接上，也存在于空间的语境关系中。空间上的文脉包含了事物所处的自然环境和物理环境，当然也包括当时所处的文化背景。所以广义地来讲文脉应当理解为：与事物相关的外部条件的总和，而不是文化传承的问题。

我们一直在调整和国际接轨的标准，但这种接轨是要求有本国特色的东西作为代表，要有本国特色的文化内涵在里面的，否则效果只是东施效颦，让别人耻笑而已。中国香港著名的设计师靳埭强之所以名声

图 1-5

远扬，不仅因为他具有独特的设计创意和理念，还因为在他的设计中加入了大量中国文脉的元素，如中国古钱币、水墨文化、儒家文化、茶文化等等。他很聪明，懂得如何将我国五千年的文化加入一些现代的调味剂呈现出来。（图 1-5）

从另一个角度来讲，将东方元素加入设计中，更能使本土消费者达到情感上的共鸣。在 20 世纪前的欧洲和美国，几乎没有设计师会在版面上留白如此之多，相反，中国的设计师们都把这片空白看作是激发想象力的依据，这也是中国哲学所强调的世间万物都是变化着的。

每当我在找寻现代与传统融合的契合点时，都会不由自主地想到日本的设计作品。古代日本是一个崇尚自然的国家，历史悠久的佛教文化、汉字书写体系、中国唐代艺术和房屋建筑都影响着日本的设计发展。日本的艺术既可以简朴，也可以繁复，既严肃又怪诞，既有楚楚动人抽象的一面，又具有现实主义精神，是东西方交融最好的实例。虽然，日本许多自称的日本文化其实都是从中国流传过去的，但是，引领东方文化潮流仅仅依靠一个诱因是不够的，除了风格会随时间变化的因素外，市场经济的发展是否成熟也十分重要。当物质资料紧缺时，产品便是第一竞争力；当市场上该类产品成为普遍商品时，好的质量就成了第一竞争力；而当市场上产品的种类和质量都相差不大时，设计便成了第一竞争力。中国当代的设计需要迎难而上，在逆境中崛起。

在当下的文创设计中，应当有效地挖掘特定群体的文化特征，并通过设计转化成为能够被当地群体认同的文化符号，只有这样，通过大众传播后的设计产出才能被群体所认同，文创设计理应更多地被宣传和传播。

3. 设计与商业

设计与商业之间总有剪不断、理还乱的关系。最早的商业应是原始社会以物品交换物品的行为，其本质是物物交换，并且基于人们对价值的认识和等价交换原则。商业时期是指将货币作为媒介进行交换从而实现商品的流通这一时期。所谓的商业设计就是指对产品商业化的终端消费者进行的服务。商业设计不仅要满足相应消费者的需求，还要具有规定和改变消费者行为及相应产品的销售运营模式，利用相应的手段对相应的商品和销售作出整体的规划及设计，从而达到企业及企业产品价值的目的，这种形式就叫商业设计。

设计所包含的设计思维的表达与设计成果的输出，它们不可否认是具有价值的，因为设计是针对人的需求而创造的产物，有需求就有它存在的价值。但是设计师设计的产品，不流通只给自己使用有没有价值呢？早期的工艺美术品，画家创造的画作，也确实是艺术家们基于自己情感的表达、满足自己需要而进行的。

因此设计要成为一种商品，必须是针对别人的设计需求，并通过等价交换，才能称之为商品；这样以后，设计活动才能称之为商业活动。

2015 年 10 月 18 日，ICSID 在韩国举行的“世界设计组织（WDO）”创立大会上对“工业设计”做出了重新定义：“工业设计是一种驱动创新、构建成功商业的战略性解决问题过程，并通过创新产品、系统、服务以及体验引导更好质量的生活。”可以了解到设计本身不是商业，但却可以为商业服务，推动商业成功。

所以总结以上所述，设计本质上是精神性的产品，设计一方面是把物质生产作为基础，有着生产的普遍性，一方面又有着自身的相对独立性和不同于一般物质生产的特殊性。在现代社会中，设计产品在进入市场的过程中就具备了一定的商品属性，但是商品属性并不是设计作品的主要属性和本质属性。

4. 设计与科学

科学即分科而学，是指对各种知识进行提炼和分类研究，逐步形成完整的知识体系。

设计在当下复杂的社会环境下，面对的设计对象越来越广，设计领域承载的知识分而杂，设计并不像其他学科那样具备核心的知识基础理论；不可否认的是，设计范畴内的知识确实可以被细化分类研究，从而形成较为完善的知识体系。但当前如何去细化分类研究还是模糊的。

但是针对科学的某些特性观察：①设计的部分知识理论存在感性的成分，并不完全是理性客观的；②设计的理论和方法会因为时代的发展而发展，并没有对错之分；③设计哲学确实存在普遍必然性，因为哲学本来就是研究事物、现象的共同本质和普遍规律的学问。所以，设计的理论知识如果上升到哲学层次，必然也是能够解释其适用范围的已知的所有事实。

设计具有情感性、文化性、艺术性、偶然性等等的特征，然而这些是科学所不具有的；但是设计实践又需要应用科学（技术）的支撑。所以，我们需要根据自身的设计需求，通过自我认知来有选择性地涉猎设计知识，并通过自己所掌握的设计框架进行梳理和细化，最终形成自己的设计知识体系。

5. 设计与工程

设计学研究人类的设计创造行为，是关于设计行为的发生、发展、属性、内涵、目标、价值、程序、方法及其解释与评价体系的科学。

工程学则是一门以应用为主的科学，通过研究应用数学、自然科学、经济学、社会学等学科知识并加以实践证明，从而能够改进各个行业中的机械、仪器、系统和加工步骤的一门学科。

设计学从艺术性专业发展而来，然而本质上设计是研究人、物关系。而工程研究的重点是造物活动的实践，与设计的研究对象是有所不同的。设计学的知识范畴较广，设计师的任务是整合各学科的知识，针对人、社会的需求提出解决方案。虽然在不同的具体设计领域中，设计会向不同领域的学科知识有所偏重，但是在学习设计的时候，综合素质的修养更为重要。

所以，设计师需要广泛涉猎各种学科的基本知识，熟练运用设计的方法和工具，培养合理选择设计方法，管理设计流程，从而解决复杂商业或社会环境中复杂问题的能力；在解决问题的过程中，重点关注协调人与物的关系，明辨哪些是工程问题，哪些是设计问题，提升团队合作的效率至关重要。

6. 设计与艺术

设计被认为是人类有目的的创造性活动，早在农耕时代就已经存在。当第一件人造工具诞生时，人类有目的性、有计划性的设计行为就已经开始，设计的开始是目的性，而艺术的开始是形态性。

在17世纪以前，艺术与设计被认为是一体的，但随着科学与技术的发展，艺术开始慢慢渗透到技术领域，美学也开始逐渐形成，伴随着绘画行业的流行，纯艺术开始与手工技术分离开来，出现了艺术家与工匠的工作细分，技术开始同科学结合形成“科学的技术”。工业革命可以说是一场技术的革命，是一次以追求利润为目的的机器大生产。当时人们为了追求技术效率而放弃了美观，以此与传统手工艺分道扬镳，产生了许多粗制滥造的机器产品。工艺美术运动提倡回归手工艺，实际上是提倡产品的艺术性。19世纪后期在欧洲兴起了大胆探索的 “工艺美术运动”和“新艺术运动”等设计运动。随着时代的进步，人们终于发现：工业时代的设计就是艺术与技术的理想融合剂，设计由技术与艺术组合而成这一定义得以建立。设计从科学那里提取知识来研究适合人类的生活方式；设计必须依靠技术手段来实现产品价值；设计从艺术那里获得美的灵感、情感的宣泄。因此，在设计概念的驱动下，科学、艺术、技术三者被融合在一块，就像达·芬奇与米开朗琪罗时代下的那样，只有三者融合才能产生伟大的创造。关于设计与艺术的关系，可以从设计与艺术的大体分化过程中了解。（图1-6）

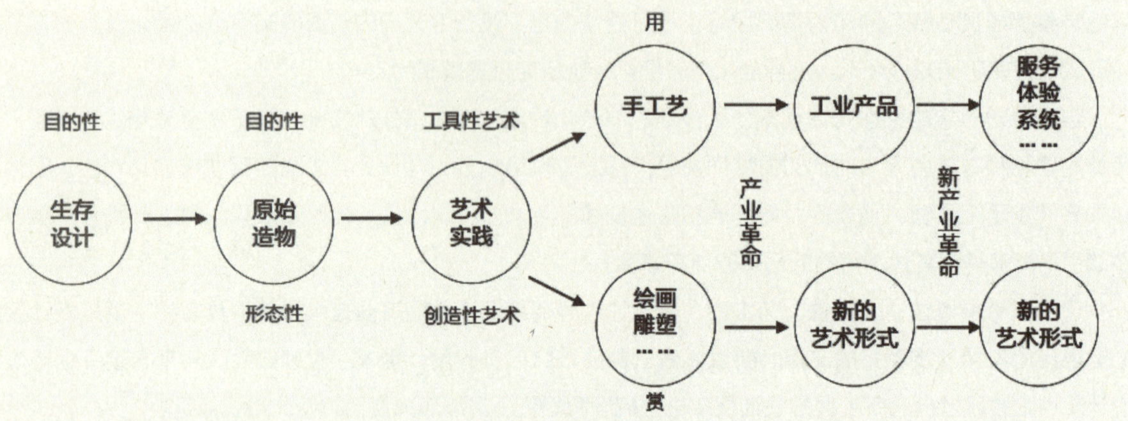

图 1-6

设计是沟通与传达的方式，而艺术更多的是表现；但这并不是肯定设计中没有表现的成分，也不是肯定艺术中没有沟通和传达方式。艺术作为一种以表达个人感情为主的创作，更加注重个人思想的表达与情感的宣泄，产品设计作为商品流通具有商业价值和实用价值，其本身就是为了市场而服务的。设计最终的价值水准来源于消费者的满意程度以及产品价值的实现。从功能的角度来分析，设计与艺术之间还是会有些不同，但从审美的角度分析，艺术与设计则没有太大的区分。

例如：现代主义设计大师柯布西耶所设计的朗香小教堂，这件作品很难明确是商业占主导还是情感需求占主导的界限。但从柯布西耶的设计手稿图可以发现，他在设计这个建筑时并没有很多规则的限制，他把整个建筑当作是一件雕塑作品来进行创作。从柯布西耶的绘画作品中我们也可以看出，他的建筑作品与他的绘画是相关联的。在绘画创作的过程中强调黑白灰处理、线条的力度和整体视觉的张力，这些强调的地方都可以在他的建筑与绘画中找到共同点。线条在绘画创作中十分重要，在柯布西耶的朗香小教堂中就能明显地感受到线条的张力。（图 1-7）

图 1-7

现代艺术对设计的影响具体表现在三个方面，即形式语言的探索、创作观念的形成和新的美学思想的产生。比如说：现代艺术手法中的拼贴法，它作为一种创造手法，与形式语言具有三个发展阶段的美学追求，第一阶段为立体主义时期，艺术家们用拼贴法去研究和再现艺术与现实当中的差异；第二阶段是达达主义与超现实主义时期，艺术家们把拼贴法的意义扩大化，利用现有的物品作为表现的手段；第三阶段是二战后一段时间，艺术家们把拼贴法的本身当作具有积极意义的艺术品来看待。20 世纪的艺术家们利用他们令人意想不到的灵感进行着他们的艺术创作和观念的革命。现代艺术在创新理念上给现代设计提供营养，又或者在形式上为设计提供改革的参照，同时又在实践的检验中不断概括经验，最终形成新的美学思想。

所以设计活动离不开艺术。从农耕社会的设计 1.0 到今天的知识网络时代的设计 3.0 的语境发展，有另外一个不争的事实，就是产品设计已经由以往的艺术主导转变为当下的设计主导。农耕时期的设计更注重实用性，重视自然美，到工业时期的设计注重功能与效率，再到今天随着设计对象的不断丰富和复杂化，设计需要关注个体、社会、生态、文化等多重因素。因此，当下的产品设计需要关注产品自然属性外的更多属性，需要关注产品使用者的生活方式、情感满足等体验属性，关注生活品质、文脉传承、生态环境、企业战略和商业模式等多重产品属性。（图 1-8）

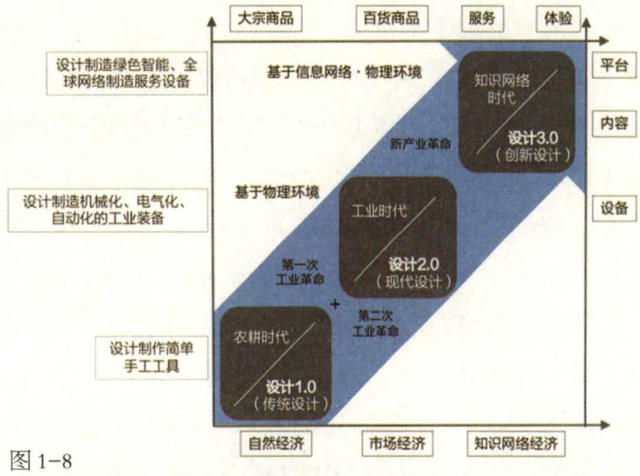

图 1-8

设计与艺术的关系要防止两者向“设计是为艺术而存在”的方向发展，这样否定了设计的科学性和经济性，把设计单纯地当作艺术门类下的一个组成部分，如果这样发展，设计就成了夸夸其谈，科学、技术、生产、流通、消费、材料等均成了概念。同时还要制止为了技术而设计的现象，这样否定了物质产品的精神性，否定了设计中存在的艺术特征，把设计当作一门纯技术性活动，这样必然会导致设计偏离正常轨道，只注重技术发展，素描、色彩、图案这些知识就会成为摆设，处于可有可无的地位。艺术思想、艺术技巧、艺术风格和艺术传统都成了无聊的措辞。其实，艺术与设计之间是互相关联的，两者并不是孤立存在的个体，也不是静止不动的。尤其是当设计在不断发展壮大的时候，不应过分注重传统或只关心外来的文化，还需要关注本土化的设计和现代化的发展。

设计行为是我们对本身固化的设计概念和自身实力的了解与突破，它有主观和客观两个层面，这个过程就如同绘画创作一般，其设计内在含有设计师的情感融入，外在则体现了视觉化的艺术形态，存在着表达内容和形式的关系问题。因此，艺术与设计两者存在差异但又相互联系，二者相互包容，共同发展。美是艺术和设计都要去追求的，但设计不只要有美，还要有功能、材料作为产品支撑。因此艺术与设计是目的不同的两种创作，设计不能脱离艺术，艺术也不能脱离设计，但以现在的趋势来看，设计发展将成为主导。

第二节　现代设计方法

一、方法论概述

培根 (Francis Bacon) 曾说过 :“没有一个正确的方法 , 犹如在黑暗中摸索行走。”方法是我们生活、工作和学习中不能缺少的条件 , 我们无数次地去接触它、使用它。小至日常生活中的衣、食、住、行；大至不同地域、不同社会的生产实践及政务活动等都包括在内，都是在方法论的指导下按照既定的方式进行的。人在社会中的每一个行为都内含着方法，都是某种方法的具体体现方式。

方法的实质是人们在处理主客观关系的过程中 , 自觉地运用客观规律。在科学活动中，方法的发展和更新对理论的建立和突破有着重要作用，除了依靠当时的生产力和科学技术条件外，还与他们运用正确的方法是分不开的，这就是科学家能为国家做出重大的科学贡献的关键点。一种好方法的运用能达到两全其美的效果，反之则可能在原有的效果上倒退。

现在学术界对“方法”含义的解释比较宽泛，一些人认为方法是人们为了达到某种目的所做出的选择和手段。占炜在《工业设计方法论的科学观》一文中给出了方法的三个特点：①方法与目的、任务联系在一起；②方法与理论联系在一起，我们所运用的方法可以说是思想的具体化；③方法与实践互相联系，可以理解为方法是在一定理论思想指导下的特殊的实践活动，是一种途径或者方式。总而言之，这些方法在哲学、科学和设计等领域都会有着不同的定义和解释。方法的含义可蕴含“办法、做法、想法、技术、技巧、工艺、科技、程序、步骤、条例、计划、谋划、谋略”等，小至生活细节，大至国家大事，狭至个人问题，广至全球发展，凡是能提供解决问题要领的，都可以称为“方法”。

在研究方法时，必须对方法的五个环节——目的、途径、策略、工具与操作技能进行系统的概括。没有形成一个系统性的方法是无效的，作为指引我们活动的方法系统，事实上是人们认识活动和实践活动过程中的一般规律总结，这一规律总结必须包括方法的所有内容与涉及方面。

这种方法的选择性在于自然界以及社会关系的复杂下的人的活动，不仅承受着周围环境的客观制约；同时也需要考虑人自身的心理、生理知识等主观条件的约束，这样我们的设计活动及其所依照的方法系统也就会有很多的可能性。到底该从事哪种活动，选择哪种方法系统的指导活动，才能够达到最佳状态，这些都具有很大的选择空间。各种各样的方法系统对于某些特定的活动来讲并不都是适合的或者有用的。什么是适合的或者有用的方法系统？通常情况下，适当的方法总是从系统的各种方法中选择出来，总是保持着系统的多重性与选择性统一的特点。

方法系统之所以被广泛运用，其中最主要的是方法系统是主观与客观世界关联的有利桥梁，在于运用科学的方法系统实现了主客体的高度统一。系统设计方法不仅使人类的活动符合客观规律，而且使人的主观能动性得到充分发挥，进而实现主客体的高度统一。

所谓“设计方法论”，是选择“设计方法”的“方法”。“设计方法论”的目的是引领我们认识“事物”的观念、方法，如何去构建“新事物”的概念、方法，这需要与其他设计类的课程相互补充，才能形成较为全面的教学体系框架。

二、方法的知识升华

方法并不是来源于人的本能操作，也不是来自人的无意识行为，而是从人们的认知与实践活动中发展起来的，尤其是建立在实践认识的基础上，其最终收获的结果为知识。人类运用劳动所做的实践是由很多相关因素组成的，在这一劳动实践以前及在劳动的进行过程中，我们开始逐步地、清晰地认识了这些因素，其中最主要的是劳动对象、人自身以及人与劳动对象的关系、人与人之间的关系的认识。掌握了这些认识才能明白如何处理突发问题，并在处理问题的基础上进一步实现认识的升华。

方法系统由知识系统升华而来，是知识系统转化的另一种形式。知识系统与方法系统并不等同，方法系统可以把知识系统作为前期准备，运用知识系统来确定目标、途径、方式、工具及程序的选择。可以说方法系统本身就是知识系统，唯一不同的是，方法系统具有创新性和改造功能。很多新兴的边缘学科都是由相关学科知识系统整合形成，并且这些整合的方法系统一经形成，通常会带动着新学科的建立。例如：工业设计学科是由材料学、工程学等知识系统和方法系统整合形成的。这是方法系统与知识系统间的相互接触、相互创造的结果，仅有知识没有方法支撑不足以形成创造力，两者缺一不可。

现代社会发展到现在，在我们认识和改造自然的过程中，方法也伴随着人类思维方式的演变而发展，从低级发展到高级、从简单发展到复杂的过程。方法的发展不仅受到生产力与生产关系的影响，还受到社会文化、意识形态和价值观念的影响，同时人的生理、心理等条件也会制约方法的发展。根据人类文明发展的历史，社会文明的产生和发展取决于认识世界和改造世界的能力，而这种能力主要依靠经验和科学技术支撑。经验和科学技术如果转化成为方法系统，就表示拥有了认识和改造世界的创造性功能，就可以转化为直接生产力。古希腊哲学家、科学家亚里士多德特别重视方法论的研究，他是创立系统方法论的先驱，代表作品：《工具论》。该书中较为详细地总结了当时数学、几何学、语言学等学科中的思维和经验，创建了古典逻辑系统，并且将它定义为科学研究的方法。

近代实证科学的鼻祖培根则概述了文艺复兴之后的近代科学活动经验，编成了《新工具论》一书，提出“知识就是力量”的伟大论点，创建了完整的归纳方法系统。

笛卡儿根据自己对数学以及当时其他学科的经验研究，汇集成了有关如何运用理性的《论方法》一书。

黑格尔在《逻辑学》一书中归纳了以往哲学发展的历史，建立了系统的辩证方法。

达尔文 (Charles Robert Darwin) 的进化论众所周知，在研究物种进化的过程中，达尔文广泛地运用了选题法、观察法、比较法、分类法、实验法、归纳法与演绎法等。

……

到底什么是方法论呢？是不是好比锤子与螺钉旋具，如若这样理解，那么方法论自然就是方法的集合，也就是工具箱。这样的理念指导我们对方法的研究走向死胡同。很多人希望可以不费功夫拥有开启所有锁的万能钥匙，或是有现成的许多方法以及他们的功能说明和操作步骤，就好比产品工具的使用说明书。换句话说，如果把方法比喻成是锤子，那我们所要解决的问题就是钉子。（图 1-9）

图 1-9

三、设计方法的研究现状

设计的发展历史很悠久，但是在 19 世纪的中后期，人们才意识到要开始着手总结设计的规律和方法。由于 20 世纪 60 年代以来，科学技术的飞速发展和日益激烈的产品竞争，各个国家开始逐步注重设计这一关键环节，也因此推动了设计方法学的研究。与此同时，较为科学的研究系统和理论体系开始建立。直到 1962 年英国伦敦召开了首次世界设计方法会议之后，国际上才掀起了针对设计方法的运动，并慢慢地出现了各种研究方式和流派，极大地丰富了设计方法论研究和操作体系。

20 世纪 80 年代后期，以自然科学为代表的理性实证逻辑方法论开始渐渐退出历史舞台。受到语言学的影响，在 20 世纪 80 年代后期出现了产品语义学运动，以往在哲学上的语言学转向了设计领域。随后就是各种学科不断发展，他们以激进的思想完全颠覆了以往的理论，对方法论发展也产生了影响。随着科技发展与社会进步，现代设计的版图被进一步扩展，设计对象的范围也在不断扩大，对信息、服务等“非物质”设计研究成为潮流趋势。外部知识的进攻催促着新理论、新方法的诞生，经济学中可持续概念被运用到设计领域中，产生了可持续设计，体验经济则发展形成了体验设计，管理学、市场学与设计结合产生了“设计管理”(Design Management)，对易用性 (usability) 和界面 (interface) 的研究，大量地提取了认知心理学与语言学的观点及对用户的人类学研究等。这都说明了设计的知识结构需要进一步拓展，方法和理论也将会呈现多样化的趋势。下面从各国发展现状来分析多元化趋势。

1. 德国的设计

德国非常重视观察设计的流程、步骤和规律，转而进行系统化的逻辑分析；并且把以往成功的设计模式、解决方法总结成规范和资料提供给设计人员参照。德国产品的严谨性体现了日耳曼民族的理性精神，形成了德国独具特色的设计文化，同时日耳曼民族的理性精神又深深地影响着德国产品设计严谨和理性的特征。

在 2013 年汉诺威工业设计博览会上，德国联邦教研部与联邦经济技术部提出了“工业 4.0”的概念，即不久到来的第四次工业革命。这个概念一经提出就在欧洲乃至全球工业设计领域中引起了极大的轰动，并且获得了很多认同的声音，像西门子一类的老牌企业也对这个概念的推动和实践起了非常大的推进作用。由此可知，德国在工业设计领域的地位仍旧十分重要。从风靡百年的“包豪斯”到如今的“工业 4.0”，无论是狭义的工业设计概念，还是广义的产业理论，整个工业设计的发展都少不了德国的浓重之笔。不少人认为现在的德国制造业有了明显的回归现象，即“再工业化”。在这样的产业背景下，工业设计又将在德国扮演怎样的角色，还将拭目以待。

图 1-10

彼得 · 贝伦斯是德国现代主义设计的重要奠基人之一，是工业设计领域的先驱人物，19 世纪末 20 世纪初是贝伦斯设计活动最活跃的阶段，这段时间贝伦斯也被誉为“第一位现代艺术设计师”名号，著名的建筑设计大师、包豪斯创始人格罗皮乌斯，早期也曾在贝伦斯的工作室工作。贝伦斯于 1904 年参与德国工业同盟的前期组织工作，1907 年在穆特修斯的倡导下德国工业同盟正式成立。在贝伦斯的努力倡导下，德国工业同盟提出了“工业产品的优质化”的概念，并努力将艺术融入工业设计。后来他受聘于德国通用电气公司，成了真正意义上的工业设计师。并且在 1908 年设计了影响久远的台式电风扇（图 1-10），该产品拥有简约的造型和极具实用性的功能，即使过了上百年，在如今我们看到的市面上很多台式电扇也是类似的造型，这就是经典。

图 1-11

贝伦斯的另一个设计作品电壶（图 1-11），采用三种壶体、两种壶盖、两种手柄及两种底座的配置，可以重新组合出二十四种不同样式，并且在电壶下面添加了电阻丝。他也因这些产品为契机成为第一个改革产品设计并使之适合工业化生产的设计师，贝伦斯的电壶设计充分考虑了批量化和标准化生产的特点。

2. 美国的设计

美国科学家重视创造性的发展和计算机在设计领域中的应用。美国是最早进入信息时代的国家，也是信息技术最发达的国家; 不论是在计算机的软硬件方面, 还是在计算机技术的应用方面都处于世界领先地位; 尤其是随着因特网的普及，更使美国社会全面迈入以信息产业为龙头的全新时代。在新的经济、文化背景下，美国先进的工业设计带动了经济的发展，社会发生了翻天覆地的变化。同时，以罗维为代表的美国设计先驱先后逝世，虽然他们的设计公司部分依然运作着，但长江后浪推前浪，这些先驱人物的位置被一批新的独立设计事务所所代替。这些新型的设计事务所不仅在知识结构、服务领域还是设计手段上都与传统的设计公司不同，也因为这些事务所把握住了信息时代的脉搏，设计业务快速地发展起来，在工业设计界建立了良好的声誉，被美国《商业周刊》评为“美国工业新一代的英雄”。这些新的设计事务所不再以招聘著名的设计师为追求，而是把“设计”两字作为名称来命名，强调设计是一个团队的活动，而不是个人工作，例如纽约的 Smart Design、芝加哥的 Design Logic、加州的 Lunar Design 等事务所。在一般情况下，这些事务所的负责人都是第一代或者第二代的欧洲移民，著名的 Frog Design 公司原先也是一家德国公司，这些新一代的设计师把欧洲理念带到了美国，从而把美国先进的技术同欧洲浓厚的历史文化传统紧密地结合在一起，使美国设计在信息时代又有了一次质的飞跃。

这种情形在硅谷尤为突出。一部分原因是大量的欧洲人定居在这个地方，另一些原因也是该地区的新兴高科技产业与先前机器年代的美国设计前辈没有多大关联。在硅谷的很多设计公司一直在为苹果、联想等这类高技术公司服务，与一般的工业设计公司以提供产品外观设计为主导的出发点不同，新一代设计公司以为企业提供完善的服务为主导，它们不仅能提供产品的外观设计和技术支持，也能提供市场调研、消费者调查、人机工学研究、公关策划甚至企业网站的界面设计与维护等多方面的服务，最重要的是要具备全球性活动的能力和资本。事实上，有一些新型的设计公司已经建立起了全球性的服务网络，以此来应对世界经济日益全球化的趋势。工业设计领域的这种变化也反映了公司内部管理上的变化，很多公司将企业内部的研究机构数量减少，选择社会合作制的方式，这样既减少了费用开支，也能更为广泛地寻求社会上专业资源的交流。现在已经有很多公司把设计当作是一种提升企业经营品质、提高创新性的战略手段，而不只是将设计束缚在单个产品的开发活动中，这样就有效地扩大了工业设计的应用范围。公司对设计的需求不断扩大，所以设计公司的人员组合不仅局限于设计专业背景的人员身上，更多的是去扩展与其他专业背景的人员合作。

设计活动离不开计算机辅助，这使得公司的设计手段也因此发生了革命性的改变，SGI(Silicon Graphic) 图形工作站和 Alias、Pro-Designer 等设计软件使设计工作变得更加灵活、快捷，工业设计本身也因此变得高科技化了。美国的工业设计在 20 世纪末的又一重大革新为高技术产品，包括计算机、现代办公设备、医疗设备、通讯设备等成了工业设计的重要研究领域。工业设计充当了高科技产品的桥梁，在使产品人性化、商品化的过程中起到了重要作用。这些都离不开设计团队的共同努力，使以往让人望而生畏的高技术成了人们日常工作和学习中不可缺少的存在。

图 1-12

总部设在美国俄勒冈州波特兰市的奇巴 (ZIBA) 设计公司被誉为是国际最佳的设计公司之一。奇巴公司把简洁作为设计理念，并强调人与产品的互动关系；其次，奇巴公司也追求设计的趣味性，期待通过色彩、造型和细节的处理使生产的产品变得更亲切宜人，达到雅俗共赏的效果。该公司近年与微软、惠普、富士通、英特尔等公司合作紧密，共同设计了非常多优秀的产品，其中奇巴公司为微软开发的“自然”曲线键盘（图 1-12），因其操作方便，人机界面舒适，造型新颖独特而受到消费者的欢迎。

奇巴公司还参与设计了很多高科技的医疗设备产品，医疗设备的设计注重简洁明快的体块造型，这样方便操作和清洁，并着力简化医疗过程，使之变得简单轻松。奇巴公司所设计的血液透析机添加了触摸屏，淘汰了以前复杂的控制键和开关按钮，并且安装了自动控制软件，使医务人员能更加方便地操作机器。此外，设计中运用了模块化，使产品更加方便拆装和清理。总之，美国的信息技术比欧洲更先进，但在某些特定的领域内，如数字通讯技术领域，欧洲国家会更有自己的风格和长处。单就工业设计而言，欧洲国家在发展历史上有地区差异。例如 20 世纪 40 年代以包豪斯为代表的欧洲现代主义设计思潮就深刻影响了美国设计界，今天的欧洲设计也在美国乃至全球，尤其是高新技术产品方面产生了重要影响。

如果说德国人对设计最大的贡献是建立了现代设计的理论和教育体系，并留下大量的实验资料和经验总结，把社会利益当作设计本身的目的，那么美国对世界设计的最主要贡献就是发展了工业设计，并且把工业设计职业化。

雷蒙 · 罗维（Raymond Loewy，1893—1986），20 世纪著名的工业设计大师，他被誉为美国工业设计之父，是设计行业的先驱人物。罗维是第一个将流线型造型与欧洲现代主义融合的人物，以此建立起了一种独特的艺术价值，开创了工业设计的先河，对促成设计与商业的共同发展有着重大贡献；并凭借着敏锐的商业意识和无限的想象力为工业设计的发展注入了新的生命元素。

他的名字从20世纪起开始广为人知，他的作品闻名于世，广为流传。比如“可口可乐”的瓶形与标志设计；壳牌石油标志的设计；流线型汽车、火车、飞机；肯尼迪总统座机“空军一号”；登月宇航员的飞船座舱等设计，从事设计行业以来，由罗维主持和参与的设计项目多达数千项，还曾被美国《时代》周刊评为封面人物，被称为 20 世纪最伟大的工业设计师。（图 1-13）

图 1-13

当欧洲正在探索现代主义时，在世界设计史上一直默默无名的美国设计师们却在此时声名大起，开始把服务业作为工业设计领域中一项新的企业运作模式。美国的设计师们明确设计以市场为导向，也因此发动了一场伟大的现代设计革命，革命造就了一批具有影响力的现代设计大师，创立了世界最大的设计公司之一的雷蒙·罗维就是其中之一。

美国第一代设计师与欧洲第一代设计师有所不同。欧洲第一代设计师基本上都是学建筑出身的，并且都是一些受过高等教育的知识分子，拥有长期的建筑设计经验，如德国的贝伦斯、格罗佩斯、米斯，芬兰的阿图，比利时的威尔德等设计人才。美国的第一代设计师教育背景参差不齐，只有极少数的人是从事设计行业的，大部分设计师以前从事的行业都是与市场销售有关，而且专业背景也不相同，少数人甚至没有正式的高等教育背景。他们的设计对象也繁杂，设计缺少对社会因素的思考，把注意力集中在市场竞争方面。美国设计师不像欧洲设计师那样有很多理论著作作为参照，美国是以数量惊人的产品、包装和企业形象作品为代表和参照；他们设计的最终目的是销售和盈利，而不是专心研究设计的社会功能属性。

不管美国与欧洲设计的差异有多大，两者都有通过自身努力去发展设计。工业设计依靠这些国家的推动成为市场促销和竞争中的一个重要组成部分，被美国市场和企业普遍接受。从此以后，工业设计就在美国生根了。

早在 20 年代初罗斯福新政之后，美国已经是世界上工业化程度最高的国家，特别是二战后美国经济的快速增长，使其成为世界金融中心。在高度发达的商品经济时代下，设计与市场合作是机器大工业社会发展的必然趋势，在这种情况下，以前束缚美国工业设计发展力量的不是欧洲知识分子的理想主义，也不是社会民主，而是十足的商业竞争。

工业设计发展如此迅速，这一切都是由于市场竞争体制所决定的，虽然有时会因为过于注重销售而缺少社会考虑，但它却有着调节供求关系的独特诱惑力。市场体制决定了社会需要什么以及不需要什么，为了符合市场需求，很多公司不得不提供多种多样的产品样式和包装来供消费者选择，并利用各种手段来增加销售量。

雷蒙·罗维是一个高度商业化的设计家，他认为现代设计中最重要的不是设计哲学和设计概念，而是设计产品的销售，这一观念的提出引起了一些设计理论家的强烈不满。但是罗维并不在意并对此做出了进一步的解释：“对我来说，最美丽的曲线是销售上升的曲线”。雷蒙·罗维作为美国第一代的工业设计师，他设计的作品不带有任何的学术价值，也没有知识分子的理想主义情怀，设计的目的仅仅是促进销售，充满了浓厚的实用主义色彩和商业气息。他认为设计就要高度的商业化，这使得他的设计公司成为 20 世纪世界上最大的设计公司之一。

3. 日本的设计

日本设计的得道之处在于充分利用了本国电子技术和计算机技术的优势，在创造工程学、自动化设计、价值工程方面做了很多研究工作。当中，最为著名的属日本设计的“双轨制”，双轨制一方面在服装、家具、室内设计、手工艺产品等设计领域展开系统性地研究，以求保持传统风格的延续；另一方面在新技术工业设计领域则按现代经济发展的需求进行设计。这些设计在形式上与传统没有直接联系，但设计的基本思维还是受到传统美学观念的影响，比如对小型化、多功能及对细节的关注等。

（1）日本现代设计中传统精神的体现

日本的传统美学相比西方国家会更重视细节、注重与自然的关系，追求简单、朴素，讲究美学中的精神内涵，这些都汇集成了日本设计中的精神支柱。美国著名的人类学家本尼迪克特曾对日本精神作出了表述：“菊花与刀都是这幅画中的一部分。日本人既好斗又善良，既尚武又追求美，既傲慢又温柔，既刻板又有协调性，既顺从又不甘任人摆布，既忠诚又奸诈，既勇敢又胆小，既保守又善于接受新事物，而且这一切矛盾的气质都是在最高的程度上表现出来。”日本的艺术与设计既可以简单自然又可以复杂雅俗，既可以放肆又可以内向，既有抽象的浪漫主义精神又有现实主义精神，这样的民族精神充分地体现在了日本的审美思想和艺术创作中。

（2）传统精神带动现代设计的发展

日本的设计从 20 世纪 50 年代才正式起步，只用了几十年的时间，就已经跃进世界设计大国之列。日本也是世界发达国家中唯一的亚洲国家，它的传统文化、设计风格、民族根源与西方大不相同。日本的传统文化思想在国民心中根深蒂固，不管是在较深层次的民族特性上还是在表面技术层，传统文化都决定着日本设计的走向。在民族特性方面，日本一直在学习着国外优秀的文化，并使国外文化与本国传统文化相融会贯通，形成一种带有本土文化的特色文化。日本一直是学习国外先进经验最活跃的学生，也是最能够把他国经验和本国情况相结合，来发展本国特色文化的一个国家。

不过这种学习和仿照仅仅只植根于本国传统文化在迫切需要发展的基础上才进行的。日本设计对待外来文化没有非此即彼的思维方式，对他国文化的学习毫无原则性。不过渐渐地，日本对外来文化学会进行拆分、还原，放弃掉那些与本国发展不相适应的部分，只留下最核心的部分，转而达到东西方文化的融合。在大多数情况下，日本吸收他国文化后会大力发展有利方面并达到超过原有水准的效果。

日本设计发展的最初正是由于这种毫无原则性地、完全地接受而又保留余地的利用方式下经过了模仿、折中转化进而发展为成熟的“日本制造”。

日本的传统设计发展至今，早有耳闻。远在江户时期发展起来的浮世绘，就对欧洲现代设计发展产生了重要影响。二战之后，日本的制造生产受到美国方面的压制，但是传统手工业还是得到了继续发展，促使日本形成了民族化的、传统的、历史感的设计特征。这种基于日本传统美学的、宗教的、民族的设计，与日本人的日常生活息息相关。当时设计的产品主要销售于国内市场，并且相当大的程度上已经不是只卖产品，更多的是销售带有文化情怀的东西，比如日本的传统美食、传统服饰、传统包装与建筑等，这些都带有十分明显的民族特征。在外来文化和现代设计理念双重冲击下，日本政府及设计家们在寻找设计发展道路的基础上，寻找到一条东西方互为接受的风格，并且与日本传统设计理念相适应的道路，使民族绘画、民族传统设计风格、民族文化观念、民族的审美立场、民族的文字书法等都得到了很好的发展和保护。

在对待外来文化的态度和方式上，日本是值得我们学习的。现代设计已经发展了一百多年，其中日本的现代设计虽然起步晚，但是发展却极为迅速和熟练，仅用了欧洲国家发展时间的三分之一左右，就跻身进了世界设计大国之列，节约了设计同等发达的国家一半的时间就达到了发展现代设计的目标。

日本的工业设计改革比西方发达国家迟了一百多年，并且东方很多设计观念和传统文化都与西方国家有差异，可以说东西方有着本质的区别，但日本却将自己本国的设计发展成了具有世界水平的地位。日本为什么能从二战战后的废墟中如此快速地走出来，并且能迅速发展成为与其他发达国家媲美的国际设计中心，这是值得我们深究的一个关键点。日本从某种意义上已经创造出了设计界的一个奇迹，而推进这个奇迹产生的关键就在于日本传统文化与现代设计的成功融合，这种融合形成了新的、独特的民族风格。

当其他国家才刚刚从战争后恢复过来，想要寻找如何抵御外来文化和现代理念的冲击，如何传承和发扬本国传统文化的时候，日本设计就已经完成了传统文化与现代设计的完美结合。尤其是在第二次世界大战结束后，日本开始向美国学习先进的现代企业管理和科学技术以及现代设计艺术等内容，并且把外来文化揉捏综合起来融入日本传统文化当中，这绝不是简单的仿照或抄袭，而是将学习到的文化和本国传统文化、经济、政治、民族融合成为一体，希望能在发展现代设计的过程中完整地保存和发扬日本的传统设计。在中国现代设计的发展进程中，日本的发展经历对于我国如何处理传统与现代、民族与世界等看似困惑的问题上，都具有十分宝贵的借鉴意义。

日本现代设计盛行“禅意”的思想观，追求一种朴素的审美，较为有名的“无印良品”就是这种审美的代表（图 1-14）。其次，日本还十分注重严谨的设计精神，这与日本领土狭小、自然资源匮乏等原因离不开。集体观念也是日本发展迅速的主要原因之一，没有一个国家能做到像日本那样设计一个新的产品会汇聚各个分公司的精英以集体的形式去设计，且最终产品只属公司，并不带有任何个人崇拜和风格。也因此日本的产品大都很精致，符合大众审美。

图 1-14

归纳日本设计的整体风貌，有两种不同的特质：一是比较民族的、传统的、历史的；二是国际的、创新的、现代的。日本在发展现代化的过程中，认为日本设计要跟随时代的变化及时调整设计方向与理论。经过对日本设计发展历史的总结分析，我们了解到我国现在正处于设计发展的第二个阶段向第三个阶段的过渡过程中，现在正是走向设计成熟的关键期。

4. 中国的设计

柳冠中教授，我国著名学者，于 20 世纪 80 年代提出“使用方式说”这一理论观点，随后在这个理论基础上再次提出“设计事理学”，这一理论观点对工业设计领域、设计方法论乃至整个理论界都产生了深远影响，具有广泛的实际指导意义。

“设计方法”是一个不断精练的过程，你先解决大的问题，随后转向细节问题的处理。这有点类似于选择度假地点，在预订酒店之前，你要先确定目的地、行程以及旅行日期。接下来，根据酒店最重要的属性来做出选择（如预算、服务质量、位置和配套设施），适当缩小选择范围。

让我们困惑的是，我们经常会遇到一些设计师与设计公司领导，他们仍然在为每个设计项目提供三种不同选择方案。他们都承认这种做法十分愚蠢，并对此心生厌恶，但奇怪的是，很少有人愿意去尝试新的方法。提供三种选择的做法，就好比要求厨师做出三道菜品，仔细推敲后最终每个盘中取一部分，混合在一起，其味道可想而知。然而，设计师们好像无力打破这种局面。甚至有人认为，提供三种设计方案可以更有助于顾客从中选择心仪的方案。尽管这种想法可以理解，但是这种感性的需求最终会导致产生出具有缺陷的方法。设计师需要让消费者或企业明白，这种老套又消耗脑力物力的方法只会阻碍设计的效果。如果一起给出多种设计理念或设计方向会使设计过程面临更多的挑战：多种选择会使顾客不易感受到设计方案的闪光点。消费者极有可能会误解三个选项都是整体方案的组成部分，试图将这三个观点的长处糅合在一起，才感觉没有亏损。很多现有公司的产品设计流程只注重表面程序，对于产品周期则一再缩小，注重数量而缺少了质量，同时对于设计人才来说，每天熬夜赶方案、出效果图，没有足够的休息时间也会影响效率，只能适得其反。

这种客观性的缺乏使得在单一的设计方向上信息回应、收集、反馈变得十分困难，因为所有的观点都是混合在一起的。这使客户认为，抽取每种设计方向的几个部分这一做法可以组合成一个“超级设计”。采用“设计方法”的另一益处就是你的公司可以提升运作效率。遵循这一方法，你能够更加合理地利用资源，支配员工。你可以创建标准化文档，适时改变这些模板的用途。此外，通过采纳这些有组织的步骤，你会认识到一个自然的项目流程。你不仅需要创作有效的设计，还需要以一个有秩序的与可预期的方式来设计作品。不仅如此，“设计方法”还涉及以清晰、精确和有组织的方式向客户展示你的设计理由。

四、现代设计方法的特点

设计科学涉及广义设计与分析。现代设计的主要特点是程序化、创意化、系统化、优质化、综合化和计算机化。

(1) 程序化

是指设计研究的整个过程，要求设计人员参与从产品规划、方案设计、技术设计、施工设计到试验整个流程，按步骤进行设计、生产和销售。

(2) 创意化

重视人的灵感和创造力，充分发挥设计师的创新意识和集体智慧，努力探索更多突破性的解决方案，开发创新产品。

(3) 系统化

着重强调运用系统化来处理技术问题。设计时要分析各个部分的有机关系，寻求达到系统的整体最优化。与此同时要考虑技术与人的交流，即“人—机—环境”之间的大系统关系。

(4) 优质化

通过优化设计理论和科学技术，争取对技术系统进行方案、参数、结构三方面的优化，达到产品技术系统的整体最优。其设计目的是得到功能较为全面、性能良好、成本低廉的产品。

(5) 综合化

现代设计方法的发展是建立在系统工程、创造工程的基础上，运用信息论、优化论、相似论、模糊论、可靠性理论等自然科学理论和价值工程、决策论、预测论来总结设计规律，尽可能提供多的解决途径。

(6) 计算机化

设计中引进计算机技术和网络，通过设计师和计算机以及网络的合作，采取最先进的设计方法来提高设计的质量与效率。计算机不只运用于设计和绘图当中，还在信息的贮存、决策、模拟、人工智能中发挥作用。设计是一门涉及多学科、多技术的交叉工程，它既需要方法论的指导，也需要各种专业理论知识的支撑和技术支持，更离不开技术人员的经验和操作。

现代设计方法论是在继承和发扬传统设计的基础上，融合新的科学理论和科技成果而形成的。所以我们学习现代设计方法体系，并不是想要我们完全抛弃掉传统的方法和经验，而是让我们在传统技法和实践经验的基础上更加掌握一些新的思维和方式。因此不能把现代设计与传统设计完全区分开来，就算是设计发展至今，传统设计也会运用于部分特色产品中。当然，现代设计方法并不是万能的，现代设计方法都有其特定的规则和运用范围。例如：优化设计只能在指定的程序参数下进行优化，不可能独立创造出最佳的设计方案；计算机辅助设计也只能在“工具”运用方面协助人脑和手操作，绝不可能代替人脑进行创造性思维活动。这就是现代设计与传统设计在方法论上的传承和改革的辩证关系。

设计方法论是一门种类繁多、知识面很广的学科集群，随着社会的进步，势必还会有更多新的方法不断出现，因此设计方法论的发展前景一片乐观。现代设计发展的趋势往最优化和多元化的方向前进着，主要方法内容有：突变论、信息论、系统论、离散论、智能论、控制论、对应论、优化论、寿命论、模糊论、艺术论等，其中很多方法多用于自然科学的研究领域。产品设计方法学作为一门综合性知识体系，引进自然科学方法知识是可行的，也是必需的。

五、产品设计方法论

产品设计方法论的发展经过了几个重要的时期。从工艺美术时期开始，发展到德意志制造联盟，当中许多方法实践在包豪斯 (Bauhaus) 那里得到了升华；再加以从设计教育的角度归纳了一系列的规律和规范，这些规律和规范共同构成了设计意义上的系统方法论。这一时期的方法论着重强调工业生产与手工艺生产的区别，指出产品设计需要借助大生产为广大群众服务，虽然有强调把美学放在重要的位置，但还是要求“形式追随功能”，即推崇设计的合理性。

从 20 世纪 30 年代开始，随着美国工业的高速发展，设计实践得到了极大丰富，特别是在交通工具领域。在包豪斯的基础上，在统一的产品设计基础上，美国产生了自己的设计方法论体系，但却与别的国家有所不同，大力强调设计的商业性，一改之前“形式追随功能”，成为“设计追随销售”。设计成为有计划的商品废止制的最佳实现工具，样式成为设计最重要的考量。第二次世界大战之后，欧洲设计和日本设计都开始恢复活力，实践活动变得更加多样化，产品设计方法则变得推崇考虑文化因素，强调突出地域性；人机工学被引入设计方法论，开始注重产品设计中人的生理和心理感受。同时将产品开发过程融入企业中，人们开始从企业整体经营的角度考虑设计。到 20 世纪 80 年代末 90 年代初，美国产品设计的实践进入了一个全新的阶段。计算机被当作是信息产物的杰出代表，在人类历史上影响是空前的，计算机的功能特征和属性打破了人们以往对产品的认知；导致原有的设计思想和法则难以胜任该类产品的设计指导工作；于是产品设计方法论研究进入了一个新的环节。

产品的生命周期有五个阶段性的内容，具体有设计研发阶段、产品市场导入阶段、市场成长阶段、市场成熟阶段和市场衰退阶段这五个内容。生命周期可以理解为产品系统，也可单独指产品。几乎没有可以永远生存于市场上的单独产品，但经典的产品系统往往会存在很久。例如：相机行业从研发至今，格局不断产生变化，但整个系统仍然蓬勃发展。对于设计公司来说，一款产品周期创造的价值只要能够弥补开发和推广费用，并获得合理的利润就是成功的，但管理者通常很难了解一件产品生命周期的准确形状和长度。

研发期：是指企业发掘新产品，从构思到进行研究再到开发的时期，在这期间产品尚未投入市场，销售量为零，需要投入大量资金来支撑研发。

导入期：导入期期间产品逐渐带入市场，销售曲线呈缓慢增长。新产品需要渠道建设，才能保证销售送达。一个新的产品在被人们接受前，需要时机和推广手段，这一期间企业几乎没有利润。

成长期：如果该产品已经被市场和消费者普遍接受，销售曲线也呈增长趋势，那这一时期就可以认为是成长期。

成熟期：产品一旦进入成熟期就意味着很多潜在购买者已经接受并已经购买了这个产品，销售增长开始变得缓慢。在这一时期，由于前期阶段的铺垫，盈利维持稳定或者增长趋势，市场上的竞争者也开始大批跟进，为了获得盈利，公司必须加大营销宣传或者推出设计变革，用这些方式来促进消费者的购买欲望以及扩大消费人群市场。

衰退期：导致产品最后进入衰退期的原因众多，当中包括同类产品技术的进步、顾客消费取向的变化以及市场竞争逐渐加剧等原因。随着销售额不断下滑，越来越多的公司抵抗不住压力会选择退出市场，留下来的公司则可能抛弃掉一部分的市场或者选择降低价格来缓解这一困境。

需要注意的是，并不是所有产品和产品系统都遵循这样的生命周期。一些产品被引入市场不久后便销声匿迹了，还有一些产品可以在成熟期停留很久；一些产品在进入衰退期后，会因为其他竞争对手进行营销宣传或设计革新、制定设计规划而又重新回到了成长阶段。除此之外，一些生活必需品品牌似乎不受生命周期的困扰，例如可口可乐、百威、美国运通、日本万字酱油等，百余年后，这些产品仍在各自的领域里保持着强劲的势头。

在营销体系中，设计策略往往被认为会在产品的开发期、成熟期、衰退期这几个阶段中发挥着巨大的作用（图 1-15），有效地判断该产品所处的生命周期可以帮助我们制定设计改革的路线和目标。灵活地运用这些设计策略，可以帮助公司和设计人员在这几个生命周期中增加盈利额和规避风险。

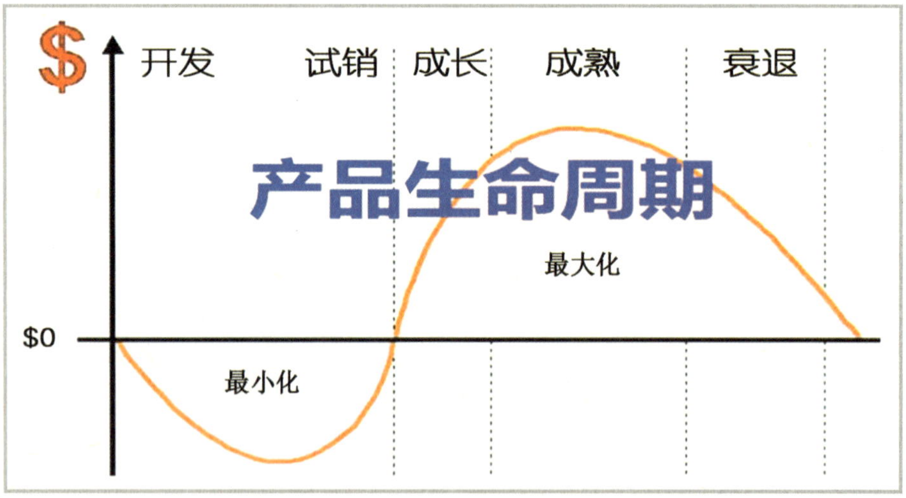

图 1-15

企业新产品开发有三种重要形式：

（1）需求驱动产品开发

设想—概念产生和消费需求定位—市场分析—产品开发—受众人群测试—市场测试—商业化。

（2）竞争驱动产品开发

市场分析—概念选定和修改—市场开发—商业化。

（3）技术驱动产品开发

技术需求和应用设计—技术和工程可行性—商业分析—原形开发—生产试验—再次开发—商业化。

产品在市场上的销售和获利几乎都处于被动状态，即随着时间的推移和市场环境的变化，最终都将被消费者淘汰，从而退出市场。

第三节　设计方法的发展

“设计方法”离不开与客户对话，然而，这并不是说需要客户参与设计，他们没有接受过训练，也没有任何准备。方法并不认为最初的规格一定是正确的，相反，“设计方法论”起源于调研、观察、质疑，目的是评估哪些交付成果是合适的。“设计方法”根植于公司的运作模式中，并不是孤立存在的。其结果是将“设计方法”的阶段与方法应用于实践要好于纸上谈兵。

“设计方法”的几个阶段：

在“设计方法”中，我们将整个过程分为四个主要阶段，这些阶段是从普遍意义上来划分的，因此，你可以抓住核心事项，根据具体需要确立设计与细节。基于这些阶段，你可以确定你的工作阶段，创建相关文档。你还可以制作小物件、小册子、图表、视觉效果、视频或者幻灯片来帮助客户了解你的设计方式。

有些设计方法将整个设计过程分为几个大的阶段，例如，表达、观察、制作、重复，还有些方法看似偏爱头韵分类法：定义（define）、设计 (design)、开发 (develop)、部署 (deploy)。还有一些方法听起来更加科学：发现、阐释、构思、实验、演化。无论如何，向客户展示设计过程，你都有可能经历一些相同阶段。本书所倡导的“设计方法”正是基于这些阶段。

包含以下阶段：

①发现阶段：通过观察和分析，收集数据，熟悉情境。

②规划阶段：确定关键需求与问题，开发策略，制作可行计划，以应对这些问题。

③创意阶段：探索概念选项及潜在的设计准则，将这些可能性编织在一起，使其变得更清晰。

④应用阶段：实施设计的方法，构建设计的元素，同时需进行实验、衡量、评估和修正。

很难说这些设计过程中的某些阶段要优于其他阶段。每个设计阶段都有自己的客户、设计师、设计情节或设计准则。更为重要的是你所采取的设计过程要适合目标对象，而并非只是一时的即兴表演。

如何设计出好的产品，这实际上是一个方法论问题，不同的人有不同的看法。但是关键一定是为了满足顾客的需求，让顾客用得舒心。回归到产品设计的本身，在所有的概念产生之前，我们一定要搞清楚一个问题就是：为什么用户一定会使用你的产品？

让我们带着这个问题从下面内容中寻找答案。好的产品设计要注意以下几点：

1. 寻找一个切入点

切入点的大概解释就是寻找一个消费者为什么要买你产品的理由，而且这个理由必须让消费者觉得是必需的，用个例子来理解：打车软件为什么突然开始流行，因为我们很多时候都打不到车，也没有一个正规的中介来帮你调动车辆，如若不使用打车软件，顾客浪费在打车上的时间不可预料。

虚拟游戏为什么会这么风靡，成为大多数互联网公司的盈利关键？因为在中国，有着固定年龄的游戏玩家，同龄人之间能以此增进感情。

为什么人人网越来越退出我们的生活了？因为越来越多新媒体的出现已经占据了用户的空闲时间，这极大地冲击了人人网。这些新媒体比人人网更有趣，信息量更多。这就是可以让用户非用你产品不可的理由，它可以是一个夺人眼球的新功能，也可以是一个解决真实问题的产品概念。

当然，这个切入点必须要具备一定的市场规模，就是产品的销售额要能够支撑得起整个设计团队或者公司的运营，如果这个切入点本身就具备有一定数量的用户群体，投入的成本通常情况下大于公司的获利，市场规模出现供过于求，那这一类型的切入点就可以考虑放弃。

2. 深入挖掘这一切入点

虽然许多切入点很创新，十分吸引人消费者，然而会出现很明显的厌倦期，比如多数社交软件上弹出的粘度插件，或是广告、游戏推广等。微信的摇一摇和附近的人这些功能在刚开始推出的时候十分受欢迎，一段时间后就没有多少人会使用这个功能了。就像一个手游在刚开始推广的时候也肯定下载量会比较高，但是这一类的功能最后会慢慢被消费者忘却，因为厌倦了就抛弃了，手游只是人们空闲时间的消遣。所以手游公司才要定期的推出新的游戏、皮肤、角色或者旧版游戏升级等方式来吸引用户，一些游戏亮点如果后续的运营改善没有跟上业界发展就会导致整个产品被用户抛弃，比如风靡一时的开心农场、抢车位就是典型的案例，当用户感觉到这个游戏没有新鲜感时，这个产品就走到了尽头。

一个好的切入点可以先吸引一批早期用户，如果这个切入点真的有解决到现实问题，那该产品的生命周期还较为长久，但如果产品的切入点只是一个概念功能，那它的产品经理就要比别人多下点功夫去思考如何扩展和深入这个产品，让用户快速度过厌倦期，最后培养成为使用习惯。

3. 理顺你的产品逻辑

逻辑思维是作为产品经理最重要的能力，你可以不精通技术，也可以对材料不熟悉，但你一定要具备缜密的逻辑能力。当我们找到一个切入点时，就有必要试着理清我们的逻辑思维。

（1）如何满足切入点的需求？

举个例子：比如老年人手机作为项目的切入点，任务是需要研发一款老年人手机去解决老年人的使用需求，那最重要的问题就是，你的产品怎样才能满足这些需求，老年人用手机哪些地方用得不舒服？你的产品如何设计得让消费人群用得更舒服？

（2）产品的功能要做到什么程度才算是件好的产品？

之所以单独把老年人群体列出来就是因为这个群体使用手机的需求跟其他群体不同，他们不懂得那些烦琐的按钮和复杂的功能键，那么用什么样的方法可以解决这个问题呢？按钮设计得大些？具体尺寸多少合适？打电话的操作流程更加简单？简单到什么程度？

（3）用户如何知道有这个产品并且会去使用？

功能概念既已出来，实物产品也上市了，那该用什么方法让用户知道这个产品的存在呢？想让用户群体知晓这个产品涉及许多营销的知识，比如现在流行的滴滴打车应用软件起初是通过的士司机进行推广，那老年人手机呢？该采取何种方式让目标人群知晓你的产品并且选择购买？

（4）用户如何实现自我增长？

好的产品有很强的自我发展能力，如果一个产品的运营成本长期高于盈利，自我增长能力较差，那就预示着这个产品已经到了危险时期。与互联网关联的产品销售渠道要比传统产品广，传统产品多以口碑方式营销，但与互联网关联的产品除了各种层出不穷的营销手段外，还能通过一些其他方式兼容推广，所以在产品设计的过程中要着重考虑产品的自我增长能力，能否设置一些简单有趣的功能来促进销售？或者利用一些社交网站的 APP。

4. 模块划分

理顺产品的逻辑思维后下一步就比较倾向于产品具体实施的环节了，具体实施前要弄清楚这几个疑惑：老年人使用的手机有哪几个功能模块？其中哪个模块对应具体哪个场景和界面？哪些操作是该产品的销售关键点？整个产品的功能优先级是怎样排列的？这些问题弄清楚后，整个产品面向市场就指日可待了。

5. 交互、界面设计

原型出来以后，在使用和体验的基础上再次改进，最好是通过调查用户的使用研究报告来进行改进，老年人手机的原型出来后消费者喜欢程度是多少？是不是可以直接寻找这一用户群体来进行数据分析，通过数据分析产生的结果来推进产品的完善。通过交互方式和界面设计几次更新换代后，一款可以面向市场的老年人手机就诞生了。

实际上最困难但却最重要的一步就是关于切入点的寻找以及产品的逻辑梳理，交互的制作专业背景人员会进行处理，但是切入点的寻找和产品逻辑梳理不能只依靠方法论来解决问题，还需要对市场环境和消费心理有大概的认识。

一个设计人员最重要的两个技能就是逻辑思维和直觉能力，因为这两项能力决定了所设计的东西可不可以使用，一个产品在逻辑上和直觉上都不会被接受，又何必谈到如何提升用户体验以及优化交互呢？用户体验和交互两者的竞争只存在于同类型的产品竞争中，但绝大多数的产品首先面临的问题是根本没有用户群体。

6. 如何简化设计方法论：4 种技巧重新建构你的产品

组织产品是简化设计方法中一个重要战略，也是设计中比较常见的一种办法。这个方式前期一般不用费力投入，适当改变一下产品界面的规划布局、展示和引导就行，也不用面对像选择功能那样艰难。

在界面编排时，平时不太在意的细节问题也会浮现出来，比如数据问题的出现、位置角度问题的出现、层次高低问题的出现等。如果我们想通过组织简化设计，牢记最重要的关键点在于主题和功能上，随意组织只会使产品变得混乱，没有焦点，给用户带来的只有麻烦。

一般来说，常见的组织方法有以下几种：

①科学分块；

②围绕行为进行组织；

③分类清晰；

④搜索与浏览。

第一，科学分块。

分块，简而言之就是把产品中的所有功能集合起来，再分成一块块区域，分散记忆能达到用户操作更方便的目的。

有一个众所周知的心理学命题，大概意思为：一个人能在短时间内记住的最大数目是“七加 / 减一”，如果超过这个数目，越到后面就越容易忘记掉前面的内容。基于这一论断，目前我们能看到和使用的软件大多数都将功能的数目定在这个范围内。不可否认的是这个论断也的确有提升操作界面的效果。

kindle 阅读器被认为是极简化交互设计的标杆之一，它将六个功能（七减一论断）图标以“一四一”的布局方式摆放在页面顶端（图 1-16）。图标这样布局的好处在于让中间四个较为常用的功能看起来像是一个类型，方便用户操作，也不会让旁边的两个功能显得太过于孤立。将那些比较少用或者杂乱的功能整合到右边的“设置”里，做到了功能入口浅并且直观的效果。

反而，假如上排的功能图标都按照相同的间距设置在界面顶端，如图 1-17 所示，两种排列方式你会选择哪种？毫无疑问，相同的间距排列让人视觉产生模糊状态，感觉不太清楚重点。如果在产品中想要突出什么功能，最好把所要突出的功能和其他功能分开，能够让人感受到与其他功能有所差异。

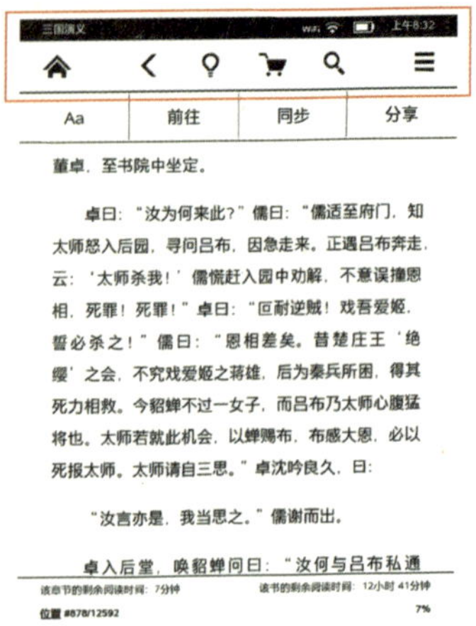

图 1-16

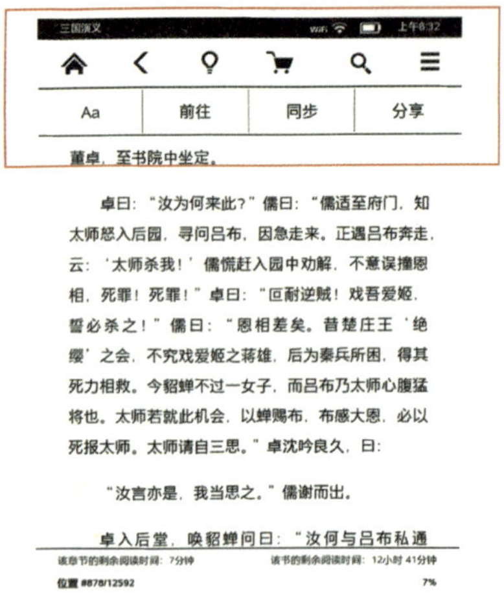

图 1-17

中间四个功能选项的排列顺序也都是有考究的。这个顺序法满足了用户的使用需求，更加易用和简洁。试想，如果把这四个功能选项的第一项和第三项位置变换一下，或第二项和第三项互换，会不会觉得尴尬？按常理来看，两个带有圆圈的相似图标本不该放在一起；返回选项的左边也不该再出现图标。而假如你的产品拥有上百项功能键，但却被界面的分配弄得模糊不清的话，也可以使用上述方法来帮助你改善。

例如：word 文档中有几百项功能，为了方便管理和使用，后台人员将这些功能组织分类，编成了八大类（七加一论断），每个小菜单里又包含十几个子命令，这样计算确实数量不少，于是开发团队将这些命令划分模块，单击菜单栏中的一个选项后，在该选项上又会看到一个小三角，鼠标移动上去，就会立刻出现第三层的功能选项。这些烦琐的功能选项通过设计分成块，被赋予了清晰的层次结构。（图 1-18）

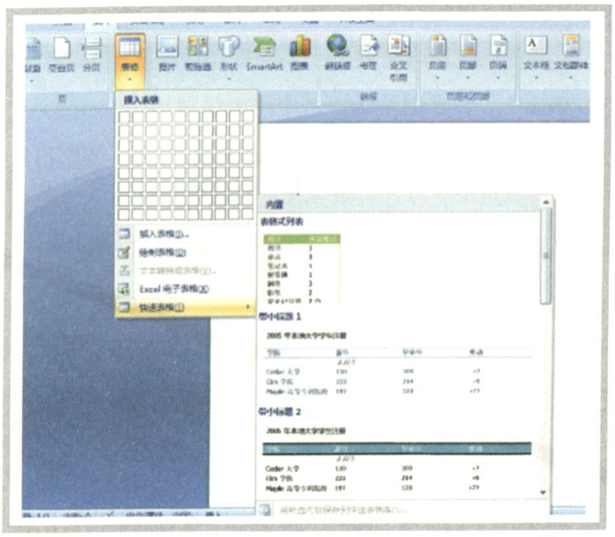

图 1-18

有些心理学家认为人的瞬时记忆甚至只有四个，七个已经是最好的状态了。但是无论如何，现在为止七个左右的分类区块是合适的、够用的。

第二，围绕行为进行组织。

首先，我们要了解用户群体以及用户群体想要的是什么？假如用户要完成一件事情，比如网购，他们会用哪种思路和流程来完成这件事？第一步是做什么，第二步做什么？设计要经过很多次用户研究、头脑风暴、用户访谈、电话调研、在线问卷调查等，这些过程都是在探讨一个问题：用户到底需要什么；以及用户会怎么做。

在实际生活中，如果用户想购买一台电视机，首先他会寻找到卖电视的楼层，再寻找自己想要的商品，途中可能会询问导购员的意见。最后看中某一款产品，填好收货地址付完款等待收货就行。如果是网上购物，用户又会以何种方式进行呢？

以某知名网站为例，如果用户的需求是购买一双运动鞋（此时并没有确定具体想要哪一个牌子的运动鞋），当用户在搜索栏里输入“运动鞋”几个字后，按下搜索按钮，就会进入下一个界面：呈现给用户第一个信息栏并不是各式各样的运动鞋，而是商品的分类图标，包括鞋子的品牌、鞋码、款式等。选择完感兴趣那一类后才是具体的购买途径。而假如用户选择了某个具体的品牌的话，那么跳转的页面又与前个页面不一样了。它不再让你选择品牌，而是直接从鞋码和功能开始。

设计不仅要考虑用户的行为，因为我们是一个服务的提供者，也还需要通过研究用户的心理来考量现实生活中的情况，以及根据经验如何对客户做出引导。

第三，分类清晰。

如何让消费者选择这个产品，明确的分类对用户选择非常重要。然而，有时候设计师也会对某个产品该怎样分类产生困惑。例如：西红柿是属于水果还是蔬菜？山楂是属于中药材还是零食？这些问题都使人很困惑。

分类模式应该具有明确的界限。假设有家购物网站主要提供大量的新鲜食材，顾客浏览这家购物网站时，如果不使用搜索框，仅仅只依靠分类导航来找寻物品时，该网站会如何设计？（先思考）

大家能想到的分类方法有哪些？按种类划分（水果还是蔬菜）、按价格、按大小、按颜色、按形状（球状还是柱状）、按产地、甚至按含水量的多少来分类。哪种方法更好呢？

①含水量这个依据太难把握，淘汰。

②产地基本只对土特产的分类有效，萝卜白菜全国都产，淘汰。

③形状无法区分种类，淘汰。

④颜色分类并不准确，比如苹果就有红的黄的绿的多种颜色，淘汰。

⑤类型的分类方法也会造成部分商品重叠，淘汰。

如果你选择的是按部位分类，就不会出现西红柿是水果还是蔬菜这样的疑问了；也不会有山楂是中药材还是零食的困惑存在，它们都属于根（果实）类。土豆、红薯等食物似乎也可以按部位分类。

如若按销售量的大小排序，要确保经常用到的食材排在最前，但很多时候我们会遇到同属于多个类别的食物，太多的重叠会容易导致视觉的疲劳。所以我们需要找出重叠最少的分类方法，这样使用时才会知道怎样可以找到想要的东西。

第四，搜索与浏览。

可能有人会说：“搜索功能比浏览功能好用，因为搜索可以快速地找到想要的东西。”也有人认为：“浏览功能似乎更好用，因为搜索功能如果关键字没有确定好，用户就要花费很多的时间来寻找想要的物品，但是一个准确的浏览导航可以快速地帮助用户搜索到结果。”

这两个论证都是有道理的。但这两种方法都有其自身的缺陷。搜索的好处就是快速，但有时，搜索的结果不一定准确，还需要用户在搜索的结果中再次找寻用户想要的。浏览的优点是准确度高，假如可以直接跳转到符合自己想法的界面里，那有谁会想要去搜索关键词呢？但问题是：如果有太多的选项类似，例如在多个不同的音乐软件中寻找一首特定的歌曲，那么用户通过浏览功能去寻找目标的效率就会非常低。

搜索的结果想要达到非常准确是困难的，因为不仅要考虑到用户关键字的使用，还要对搜索的结果进行编排和分类。所以，如果我们想设计较好的浏览方式，至少要先提供一种简单的用户体验，然后再去考虑更深层次的体验。

课题训练

1. 以 5~6 人为一组，每组分析一个产品的设计缺陷，然后进行修改完善。
2. 严格按照产品的生命周期，分析一款现有的设计产品。

本章思考与练习

1. 试分析德国设计师迪特・拉姆斯的设计作品中蕴含的设计原则。
2. 运用本章所学方法，设计一款穿戴产品。
3. 谈谈对设计方法的认识。

第二章　设计思维方法

2

学习要点及目标

1. 认识到设计思维的重要性及研究意义
2. 获知设计思维的获取途径
3. 多角度、多手法地拓宽设计思维
4. 逆向思维的训练

核心概念

思维是人类社会发展的必要因素，是设计的源头。人类所创造的各种成果，都是思维活动的外化与物化。

大脑是人类进行思维活动的一个必要条件，大脑有着复杂的生理、物理、化学过程。但人类如果仅仅具备大脑组织还不足以构成认知的源泉，只有在社会实践中与客观世界发生关联了，才会出现意识，才能具备思维活动。如果缺少了思维活动就创造不出优秀的作品，设计是思维活动与外在表现形式相结合的产物。

设计思维作为设计中的一个新领域，是以思维的本质特征、基本形式、规律为主要研究对象，同时探讨思维在设计状态下的方法以及潜力开发等问题的科学。人类的认知并没有一个固定的形式和步骤，它是随着时代的发展而变化的，所以，设计思维也将随着时代的发展而不断得到进步和完善。

第一节　设计思维概述

一、什么是思维

中国管理科学研究院思维科学研究所所长田运在其 2000 年出版的《思维论》中对思维下了较为准确的定义：思维是在特定物质结构（脑）中以信息变化的方式对对象深远区实现穿透性反映的，可派生表现为高级意识活动的物质运动。定义中“思维的对象”即指思维着的一切存在，这个存在可以是物质的，也可以是精神的；既可以是个体，也可以是主体和客体相互作用的状态即人的动作。

20 世纪 60 年代，美国心理学家罗杰·渥尔考特·斯佩里（Sperry Roger Wolcott）研究发现，人的大脑两半球各有不同的生理功能优势。大脑左半球主要通过言语来进行抽象逻辑思维，主管语言、阅读、书写、计算、分类、回忆和感觉等，具有连续性、有序性和分析性等性能，通常被称为学术脑；大脑右半球主要用于意象思维、发散思维，主管视觉、知觉、复杂感知，用来辨别几何图形、直觉和想象，用来感知旋律、节奏，具有非连续性、弥漫性、整体性功能，也被称为艺术脑。如图 2-1 所示为人脑的功能区分。

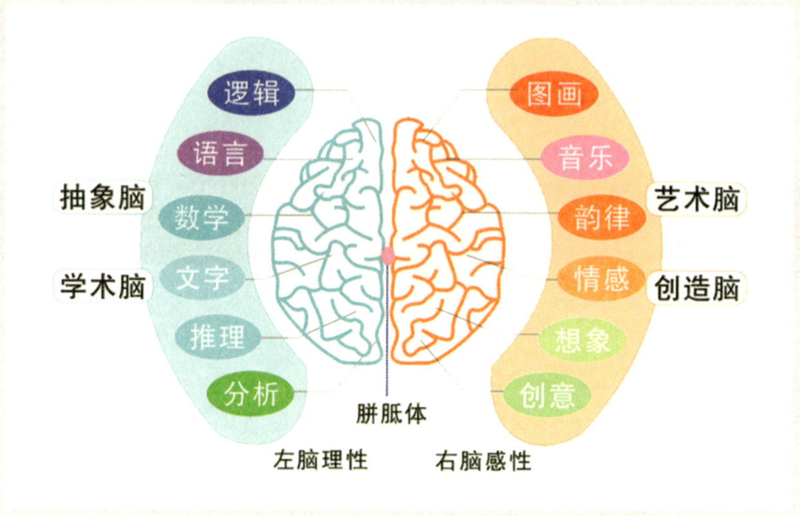

图 2-1

日本医科大学品川嘉也教授在其研究成果中揭示："人们在思考问题时，首先要用形象思维，动用右脑；为了组织和表达思想感情，我们会使用左脑的逻辑和语言功能，左脑是运用熟练性思维，右脑则是创造性思维。天才科学家都是右脑型的人。"我们平时有意识地进行大脑两个半球的功能训练，能够促进左右脑之间的协调发展，这是培养思维品质与提高思维效率的一种高效办法。

二、思维的基本规律属性

常见的思维规律有：思维能力与大脑在适度范围内做功的次数、难度成正比定律，反映同一律，题含定律等。

思维能力与大脑在适度范围内做功的次数、难度成正比定律。意思就是说：大脑越用越灵，越不用越钝。在我们人脑适度范围内，勤于动脑，思维能力就越高，大脑越灵活；反之，大脑就会越发显得迟钝。另外，思维能力不仅与动脑次数有关，还与大脑思考问题的难度有关。

反映同一律。在思维中，思想必须如实地反映存在，不可主观任意地胡编乱造。比如《西游记》中孙悟空的形象是不是就违反了同一律呢？答案是否定的。艺术家根据实际生活中的真人真事抽选出来再加以特写，并进行适度的夸张手法；孙悟空是猴子和人的性格的组合，赋予其动作敏捷、行事机灵，还具有人的性格：冲动、勇敢、打抱不平等。大闹天宫的故事也以隐喻的手法暗示生活中出现的现象，看了之后大快人心。所以，艺术中具有创造性的想象也符合反映同一律。

题含定律。题含包括两个部分的内容：一个是问题的相关信息，另一个是人们想要解决问题的意志。在解决实际问题的时候，既要收集大量的相关信息，积极思考，也要发挥主观能动性，从而达到最优效果。当人们遇到未知领域的问题或进行创造性活动的时候，拥有相关知识材料越全面，解决问题的可能性越大；反之，相关知识越少，解决问题的可能性越小。

三、思维概述及研究意义

1. 古代直觉、思辨、推理方法时期

古代直觉、思辨和推理方法时期是指 16 世纪前后，即古代朴素的自然观与近代科学产生之间的这一段时期。在这一时期，人们把世界看成一个混沌的整体，认为哲学、自然科学和方法论三者是相同的事物。科学尚处于初级阶段，对科学的认识只停留在事物的表面。这个时期的特点为用直观方式获取世界的信息；通过抽象的方法得出见解，然后使用逻辑方法去展示更多的经验事实。随着实践的认识和发展，古代思想家们开始从理论上找寻科学思维的方法，正因为这样才推动了逻辑方法的发展。中国古代墨家等学派对形式逻辑作了大量的研究；发现了演绎和归纳两种推演过程：一是“推而别之，别者有别，直到大别名”（演绎）；二是“推而共之，共者共之，直到大共名”（归纳）。在西方国家，由亚里士多德撰写的《工具论》一书阐述了形式逻辑的基本规律，深入探究了演绎法，制定了演绎推理的“三段论式”。

2. 思维发展期

思维的特征：思维具有间接性和概括性。间接性的思维是指思维在活动过程中的间接反映，即通过其余事物作为媒介，间接地来反映客观现实。换句话说，就是通过已经知晓的事物属性或者已经掌握的知识经验，去发现那些不能直接感知的事物属性和规律。思维的概括性一般有两种含义：①思维反映了一类事物的共同本质属性。人们不能直接感知事物的本质和规律，而是经过对获取到的信息进行加工，从表面属性中总结出本质和规律。②思维还反映了事物的内部关联和规律。当人掌握了事物发展的本质属性，就能凭这些知识间接地控制那些没有被感知过的事物。例如，气象学家可以根据以往天气变化的模式来判断未来数天的天气变化，分析数据得出预报。

思维能力的高低是由于每个个体智力水平之间都会存在差异，主要包括对事物的深刻性、灵活性、独创性、批判性和敏捷性五个方面的理解能力。

①深刻性。深刻性指的是思维活动的抽象程度和逻辑水平，涉及思维活动的广度和深度。思维活动具有流畅性，思维的流畅性可以理解为思维在量上的特性，思维活动的广度相当于立体性的思维，从问题的多个角度出发进行广阔思考。思维活动的深度是指探究问题的程度，培养思维能力对全面解决问题以及深入理解问题都有较大的帮助。

不同个体在思维活动中会体现出差异性，不同文化背景、不同的环境对待事物的观察程度也会有所不同，观察得越深入，能够给思维提供的灵感越多，创造出的想象空间越广。

②灵活性。灵活性是指思维活动过程中的灵活程度，主要表现在运用所学知识和事实经验，依照事物发展与变化的情况，及时想出不同的解决方法和方案。

关于灵活性的特点有五个方面的内容：一是思维的起点要灵活，即要从多个角度、多方面、多个目标、多种方式来解决问题；二是思维的过程要灵活，从分析到总结，从总结再到分析这个过程要灵活操作；三是思维概括要灵活，即擅于运用规律来提高思维自觉性；四是要擅于组合分析，即处理事物的伸缩性要大；五是思维的结果经常是多种合理而灵便的结论，不仅要有量的区别，还不能少了质的区别。灵活性强的人还能举一反三，全面地分析解决问题。

③独创性。是指思维的创造性活动。在实践活动过程中，要善于发现问题、思考问题，除此之外，更重要的是要创造性地去解决问题。所有的探索、创新都离不开思维的独创性。独创性是认识主体对知识的积累和高度概括之后再系统地迁移的结果，用来分析新的组合并找出新旧知识的相交点。在现代设计中，独创性通常被当作最重要的标准而存在。

④批判性。是指思维活动过程中独立的意识和评判的标准。思维的批判性品质源于对设计活动的各个关键、各个方面进行调整的自我认知。正是因为批判性，人类才会对思维本身进行自我认识。

⑤敏捷性。是指思维活动对问题事物反应的速度，它体现了智力的灵敏程度。培养思维的敏捷性，让我们在处理问题时能更加适应变化着的情况，转而进行积极的思考，正确判断和迅速得出结论。

第二节 设计思维特征及基本形式

在设计过程中，设计活动应该是一系列的，它是由“概念设计—设计表现—设计实施—市场反馈—再设计……”循环往复组成的过程。设计系列化的过程始于概念设计，也就是设计构思，是设计流程的第一步。思维开始运作就是设计的开始，思维贯穿着设计过程的始终，是设计学科组成的核心要点。

设计思维的特点在于它在思维活动过程中有明显的辩证逻辑存在，即逻辑思维与形象思维、理性与感性、抽象与具体、主体与客体之间的对立统一。

设计思维是逻辑思维与形象思维的统一。

设计思维是一种创造性思维。是动态的、表达式的、突破性的、变化着的、开放的、多维的主动思维方式。科学的逻辑思维和艺术形象思维都与创造性密不可分，艺术家和科学家依靠创造力来实现自我价值。设计的目的是创新，无论是改良设计还是新产品开发，都是以新取胜。设计本身就是以创新为基调，是产品的思维与表现的结合。

设计过程是一种思维创造过程，设计是形象思维 (Imaginal thinking) 与抽象思维 (Abstract thinking) 的整合，通常情况下，好的产品设计都是思维创造过程下的产物。设计起源于思维创造，没有思维创造就很难设计出好的作品。因此探索设计的创造规律、提升人类的创造力是发展思维的重要途径。

设计思维的本质是解决人与物之间的关系问题，即如何更好地设计为人类服务的物质产品。同时，设计思维也是一种创造性思维，是借助具体形象思维来表现，依据设计目的、设计条件、形式结构等要素展开设计思路，直至最终完成设计。

设计发展在很大程度上与设计思维发展类似。设计思维是一种敢于突破传统思维的框架，来提出新的建议与思维方式。培养和训练设计思维要打破习以为常的认识规范。设计师理应了解思维的特质，掌握创新技法，养成创造性思考的习惯，总结自己的创新技巧。简而言之，设计思维的训练对设计师来说至关重要，因为设计思维是我们进入设计阶段和艺术表达之前的关键环节。

一、设计思维的特点

设计思维是一个高效运转和协调发展的思维形式过程。设计思维的主要特征包括目的性、独创性、联动性、多向性、易读性、综合性和预见性。

（1）目的性

作为人类改造自然的一种重要手段，设计思维几乎存在于所有设计活动之中。人类对事物的认知一般按照“创造—体验—不满足—再创造”的循环过程，每经过一次认知的循环都代表着有新的提升和飞跃。由不满足现状而引起的创造，其目的性非常明确，是由需求产生的目的。因此，围绕需求的更新变化而进行的设计思维过程往往带有明确的目的进行。

（2）独创性

设计思维的独创性是指在设计概念形成的过程中，设计师充分发挥想象力，打破原有的思维模式，赋予设计对象以全新的含义，从而产生新的设计方案。

从因素分析学说的角度研究思维的独创性，其中包含几种“因子”：一是“怀疑因子”，即对现有的事物、人们认为完美的事物敢于产生怀疑；二是“抗压因子”，即力破陈规，敢于对旧有的传统和习惯说不，能够承受来自他人和社会舆论的压力；三是“自变因子”，当设计过程中发现自己思维上出现偏差和错误时，能够及时地自我否定，快速转变思维，并在自变中改善产品。

设计思维的独创性是我们在设计实践中长期积累的条件，不管是对创造构思的求索、知觉信息的筛选、诱因条件的妙用，还是设计灵感的显现，都离不开我们的实践活动。例如“Anglepoise Fifty”壁灯（图 2-2），该产品外观一半是具有形态特征的，另一半被设计师巧妙地弱化掉了，并且造型打破常规，成为整个设计的亮点。

图 2-2

（3）联动性

设计思维的关系表现为“由此及彼”，往往会指引我们从已知探索未知，来扩展我们的设计思路。连动表现为横向连动、纵向连动和逆向连动三种形式。横向连动是指依照某一现象联想到相关事物的特点并进行“特征迁移”，从而拓展新的领域。例如塑料海绵、多孔塑料等多种产品是根据面包多孔的特性而来的。纵向连动是指对问题和现象进行纵深思考，去探寻其原因和本质而得到新的启示。逆向连动是指使用“反推”的方式对现象、问题或解决方法进行分析，从相反的角度来找寻新的途径，同时从相反的方向去观察问题、提出问题，深入研究对方的另一面。

（4）多向性

多向性不局限于一个角度，要从不同角度看问题、思考问题。该方法的途径包括发散、换元、转向、创优等几种。发散是指面对问题能够从不同角度、不同方向去发散思维，以扩大选择余地；换元是指针对事物的质和量等多种因素，能够巧妙地进行转换，有时会改变其中的某一个或者某几个因素，就可以达到意想不到的结果；转向是指在设计中，当思维在某个阶段遇阻或难以达到预期效果时，能迅速做出新的抉择并转向另一方向开展新的局面；创优是指设计师在设计过程中能够发现设计缺陷并想方设法地改善问题，任何时候都要不得志于已经达到的水平或已取得的成绩，须不断进取，力求达到更好的效果或更佳的方案。

（5）易读性

设计思维的易读性是指将设计思维的各种符号信息按照易于理解的构图秩序组织起来，发展成语义结构的模式来识别，从而完成设计语言转换的思维特点。

人的意识过程就是一个符号过程，是一个对符号的组合、转换和再生的操作过程。世界是由多种多样的图形和符号构成的，正是因为人们发现了这些图形和符号的易读性特点，设计思维才能得到发展。

（6）综合性

设计思维的综合性特点主要表现在“智慧交叉”“思维统摄”“辩证分析”等方面。

“智慧交叉”是指善于学习前人、众人优秀的智慧知识，博采众长，巧妙组合后形成新的概念、方案；“思维统摄”是指将多种概念、事件、材料和技术结合起来，概括总结后形成新的科学技术体系；“辩证分析”是指通过对所有材料进行去粗取精、由浅入深的研究分析，来探讨事物的本质，把握事物的发展规律。

(7) 预见性

设计思维的预见性是指对未来事物具有的预见能力及判断能力。

设计师要提高自身素质，努力构造合理的知识结构，用战略家的眼光看待设计产品，准确地定义未来社会的文化需求、精神需求、产品需求等，以超前的眼光制定并做出设计。比如当下设计领域中地环保话题、节能话题、绿色生态话题都有其预见性。

二、形象思维

形象的概念总是与感觉和经验联系在一起，这就是哲学中提到的形象思维。与形象思维相对的另一个哲学概念为逻辑思维，逻辑思维是认知的一般过程，这中间有更多的理性了解，弥补了形象思维感觉和经验为主的不可预见性。

形象思维（imaginal thinking）是指视觉形象和表象解决问题的思维。其特点是具体形象性，按发展的水平可以分为三种类型：

①三到六岁的学龄前儿童的思维只传达同一类事物中的一般信息，而不是该事物的本质特征。

②成年以后接触了大量的新鲜事物，开始形成对表面现象进行加工的思维方式。

③拥有“艺术思维”的人。写作者、艺术人才在创作的过程中会对表面现象进行高度的分析综合、抽象和概括，从而形成经典形象。

形象思维这一概念最先开始是由俄国美学家别林斯基（V.G.Belinskiy）于 1841 年提出的，他在《艺术的观念》一书中提到：“艺术是对真理的直觉的观察，或者说是用形象来思维。……我们的艺术定义中特别使许多读者认为奇怪而感到惊奇的一点，无疑是，我们把艺术叫做思维，这样就把两个完全对立、完全不相连的范畴联结在一起。”别林斯基认为艺术与形象不可分，艺术家、诗人是利用形象和图画进行思考的。虽然别林斯基没有直接运用“形象思维”字眼，但是形象思维的概念开始被人们所熟知和接受。

所谓形象思维，主要是指人们在认识世界和改造世界的过程中，对事物表象进行取舍时反映的思维，是只能用直观形象去解决问题的思维方式。形象思维在信息传递的基础上进行着感知的储存，并结合主观意识进行情感识别（包括审美判断和科学判断等），采取一定的形式、手段和工具去创造和描述形象的一种基本的思维方式。

从文学艺术创作角度分析：形象思维是艺术家们在进行创作的过程中伴随着的形象、情感以及想象，通过事物的单个特征去把握一般规律，从而创作出艺术美的思维方式。形象思维的能力大小经常反映着一个人的审美水准。形象思维的发展伴随着形象和情感的升华，是通过“象”来构建思维过程，思维离不开想象。

文学创作中主要依靠形象来反映现实生活，运用典型的方法和想象来塑造艺术形象，抒发作者的情感，也可以称之为艺术思维。

1. 形象思维的作用

形象思维是认识世界的一种重要的思维方式，是锻炼人思维的强有力的工具，在科学研究和设计领域，形象思维和抽象思维都缺一不可。在公司的运作中，高度发达的形象思维是公司在激烈的市场竞争中取胜的关键条件。高层管理者失去了形象信息，也就意味着失去了形象思维，企业所获得的信息就可能是间接的、过去式的，甚至不准确的，因此也就妨碍企业做出正确的决策。

形象思维与逻辑思维是两种基本的思维形态，逻辑思维又可以理解为理论思维，理论思维是指以科学的原理、概念为基础来解决问题的思维活动。例如：用“水是生命之源”的理论来解释干旱对世间万物的影响。以往曾把这两种思维方式划定为不同的种类，认为“……科学家用概念来思考，而艺术家则用形象来思考”，这是普遍的一种误解。事实上，形象思维不单纯属于艺术家，它也是科学家、物理学家进行发现和创造的一种关键的思维形式。比如在物理学中所有的形象模型，像电力线、磁力线、原子结构的汤姆生枣糕模型或卢瑟福小太阳系模型，都是物理学家抽象思维和形象思维结合的产物。爱因斯坦也是一个形象思维和抽象思维能力强的人物，但他却反对把这两种思维方法视为唯一的科学方法，他善于发挥形象思维的自由创造力，我们认为的理想化实验其实就是运用形象思维的典型结果。这些理想化实验并不是对具体的事例运用抽象化的方法，是运用形象思维的方法，将一般的、本质的现象加以保留，并使之得到集中与强化。例如爱因斯坦著名的广义相对论的创立事实上就是来源于一个想象：一天，爱因斯坦正坐在伯尔尼专利局的椅子上，突然想到如果一个人自由下落，他是不是会感觉不到他的体重呢。爱因斯坦认为这个简单的理想实验对他影响至深，于是就有了后来的引力理论。

2. 形象思维的基本特点

（1）形象性

形象性是形象思维最基本的特点。形象思维所反映的就是事物的形象，其表达的工具和手段是能够感知图形、图像和形象性的符号。形象思维的形象性使事物具有生动性、直观性和整体性的优点。

（2）非逻辑性

形象思维不像逻辑思维那样对信息的加工具有连贯性、有序性，而是运用大量的形象信息，将之汇集在一起形成新的形象，或由一个形象转换到另一个新的形象。形象思维对信息的加工是并行的，是立体的，它可以使思维主体快速掌握问题的关键。但形象思维最终的结果还要依靠逻辑的论证和实践的检验。

（3）粗略性

形象思维对问题的反映是粗略的，对问题的掌握集中于表面。因此，形象思维往往用于定性分析问题。抽象思维则能够提供准确的定量关系。在实际思维活动中，通常需要将抽象思维与形象思维结合起来，才能达到最佳效果。

（4）想象性

想象是指主体运用已有的形象创造新形象的思维过程。形象思维并不仅仅在对已有形象的体现上，也包括对已有形象的改善，如此才能获得新的形象。所以想象性使形象思维具有了创造性的优点。

3. 形象思维的主要方法

（1）模仿法

用某种原型作为模仿的参照，在这基础上再加以创造而产生新事物的方法称为模仿法。现实社会中许多创造都根植于对前人或自然界的模仿基础上，如模仿鸟的羽翼发明了飞机，模仿鱼的特征发明了潜水艇，模仿蝙蝠特性发明了雷达等等。

（2）想象法

想象法是在脑海中抛弃掉某些事物的现实情况，构成反映该事物本质的简单化、理想化的形象。想象的内容和水平有时会受到历史条件和社会发展条件的局限，比如“齐天大圣”的七十二变，每一种变化都没有超越当时的科技水平和时代水平。直接想象是现代科学研究中广泛运用的进行思考试验的主要手段。

（3）组合法

组合法是指从两个或者多个事物中选择最合适的要素进行组合，形成新的事物的创造技法。常见的组合方法有同物组合、异物组合、主体附加组合、重组组合四种。

（4）移植法

移植法是指将一个范围内的原理、要领、布局、材料、用途等转移到另一领域，然后产生新事物的方法。主要移植法有原理移植、方法移植、功能移植、结构移植等类型。例如最初的手机只有打电话的功能，但现在的大部分手机移植了相机功能、信息传递功能、游戏功能等。

三、抽象思维

抽象思维（abstract thinking）是指人在认识事物的过程中运用概念、判断、推理等方法对客观事物进行间接的、概括的反应；是理论化、系统化的世界观，也是对自然知识、社会知识、思维知识的归纳总结，是世界观和方法论的同一。

抽象思维属于理性认识阶段。它凭借科学的抽象概念来对事物的本质和客观世界发展的深远情况进行反映，使人们通过认知活动收获远超出靠感觉器官直接感知的知识。科学的抽象是指在概念中反映自然界或物质社会的内在本质思想，它在对事物的本质属性进行分析、综合、比较的基础上，抽取事物的本质属性，抛开非本质属性。空洞的、随意捏造的、不可捉摸的抽象是不科学的抽象；科学的、合乎逻辑的抽象思维是在社会实践的基础上形成的。

面对多姿多彩的梨子、柑橘、香蕉、榴梿……我们可以合并称之为“水果”，甚至说“植物的果实”；面对千姿百态的大雁、鹦鹉、丹顶鹤、天鹅……我们却称为“飞禽”或“鸟纲”。这是不是有点儿没趣、生硬？俄罗斯文学家车尔尼雪夫斯基说：“理论是冷冰冰的，可它能叫人去获得温暖。”当我们面对“抽象”这个词时，似乎也会有种“冷”的感觉，仿佛是超越了眼前的现实，躲到了事物的后面，甚至是“孤立”了它们。这种感觉是很正常的。抽象思维作为思维中的一种重要形式，具有概括性、间接性和超然性的特征，这是在分析事物时选择最本质的特征而形成的概念，并运用概念进行推理、判断的思维活动。

抽象思维与形象思维是不同的，形象思维是以人的感觉或想象力为起点，抽象思维是从概念出发的，然后再由抽象概念上升到具体概念——只有上升到具体概念时，事物的变化发展、生动形象等特点才能得到体现。可见，抽象概念与具体概念是相对存在的，也是能相互转换的。了解了事物背后的真实情况，抛弃掉偶然的、具体的、繁杂的、零散的事物表象后，在感觉所触及不到的地方去提炼事物的本质特性，形成概念后才会有深入推理和判断的机会。没有抽象思维的存在，科学理论和研究就不真实。抽象思维的运用不能脱离正常轨道，必须与具体思维相结合，由抽象上升到具体。

抽象思维的研究意义：抽象思维生动地反映了外部世界，使我们在认识客观规律的基础上科学地预见事物和现象的发展方向，预见的事物没有直接表现出来。存在于意识之外的自然现象及其特征，它们对科学研究具有十分重要的意义。

思维要点：人所使用的思维是形象思维和抽象思维统一的复杂情况，由于形象思维的干扰，在抽象思维过程中你的思维可能出现混乱的现象，你的选择和判断可能是盲目的和没有根据的，这种情况下的行为有害性会大大增加。

抽象思维是一个再创造的过程。从设计思维的角度看，抽象思维活动的主要特征为互补性和建构性。

互补性即在抽象思维活动状态中，各种逻辑方法和原理、运动趋向的发散与收敛、单向和多向等都是相互补充存在的。建构性：建构是通过逻辑的分析与综合，依据主体目的和要求，在新的基础上进行创新的重组。

以前人类对自然界的改造和社会影响力没有当今这么显著，可以犯错的空间很大，随着信息社会的发展，有些错误行为引发的后果是超过了我们承受力的。盲目地做出决策或判断会导致难以想象的危害。因此，不管你过去是多么近乎本能地习惯于形象思维和抽象思维相互干扰的混合状态，你现在在一些相对重要的问题上必须强迫自己进行一个完整的抽象思维过程，这种要求在社会科学领域尤其重要。抽象思维本身就不是十分完善，它和现实之间会有一定的差距，在社会科学领域逻辑混乱的例子数不胜数，这让以抽象思维为基础的“社会科学”逐渐远离了科学范畴。

研究客体的能动性和社会性加大了抽象思维的难度。面对将要谈到的事物，或面对将要评判的东西，面对将要抉择的内容，抽象思维要求你在两方面做足功夫：一是准确界定概念，界定概念的内涵、外延和数量属性；二是快速判断这些概念之间的关系，判断概念之间的演绎关系和数量属性关系。

思维和认识的目的主要是把握主观与客观事物之间的联系，把握单个事物的变化和其他事物的变化关系。正是以此为根基人们才能推断将来的变化和指引自己的行为。

抽象思维是用概念来代表事物的现实，它不同于形象思维，不用感知图画内容，不用代表现实事物；抽象思维是用概念来反映现实事物之间的关系，而不是像想象中的图像变化那样来代表事物之间的关联。这比人类超越自身感官去了解事实更为宏观，也为这快速变化着的世界提供了可能性。但是，如果没有抽象思维的准确性，就不可能准确界定两个概念之间的关系，这种可能性也就无法变成现实性。因此，准确地界定概念以及概念之间的关系是抽象思维方法最基本的准则。

抽象思维方法在形而上学的初期只知道用概念代表现实事物，以至于这种方法在很大程度上偏离了现实世界的实际情况。利用概念所总结出的事物，从静态来说本身就不是完全相同，相反是存在着区别和差异性的；从动态看，事物时刻都在发生着变化，只是有些变化明显有些不明显而已。

抽象思维方法在形而上学阶段只有当两者间的差别足够大时，或者事物的变化足够大时，才会用到不同的概念来代表不同的事物。至于事物间的那些微妙的差异和事物之间的变化发展，抽象思维方法在形而上学这一阶段确实无能为力，只能忽略不计。

当抽象思维方法经过辩证法阶段时，面对事物间的变化发展，不仅会在差异较大时用不同概念去代表不同事物，并且会当事物间的差异和变化还不够大时，用带有概念含义的属性去描述这些差异和变化，用概念的内涵当作对概念本身的增补和修改，进而在相当大的程度上减少了抽象思维方法代表现实事物之间的实际联系所导致的错误和偏差。

四、如何培养抽象思维

游戏是培养孩子们抽象思维能力的有效途径之一，包括数字叠加游戏、益智类游戏、积木、魔方等游戏。给一个故事设计出合乎逻辑的不同结尾，也能帮助孩子提高抽象的逻辑推理能力。通过分析、选择、丢弃和探讨，孩子们往往具有很强的思辨能力。

绘制地图则是德国人的独创。经常可以看见在傍晚的沙滩上，子女在父母的开导下，使用小木棍在沙滩上勾勒出一幅幅记忆中美好的景象。德国人还着重注意培养女孩子的抽象思维能力，因为相比男生，女生在这一方面的能力较强，这一软肋经常会导致她们在学习理科知识时体现出来。

与中国教育不同的是，德国人似乎并不赞成年幼的孩子学习多少技能，或参加多少比赛。他们更倾向于培养孩子们的抽象思维能力，这将会在往后的教育中体现出优势，从而为孩子的成功铺平道路。

1. 培养方法

（1）做数字的远行狩猎

当你和孩子在郊游或散步的时候，让孩子注意观察街边的各种数字，比如商店招牌、汽车牌照、街道号码等。当孩子发现时，请他大声告诉你。

（2）教幼儿打电话

可以告诉孩子你的一位朋友或者家人的电话号码，然后试着让孩子去拨通这个号码，在这个过程中既训练了孩子的读写能力又培养了他的思辨能力。

（3）数你周围所有的东西

比如：数一下排队的有多少个人？三楼到一楼的台阶有多少级？路边直立的树有多少棵等？

（4）清点家庭用品

把所有的刀子、叉子、勺子打乱放置在一块，然后让孩子们把这些东西分类放好，最后算出每组有多少只。相同的方法，可以让孩子整理衣柜，按颜色或者季节分类。

（5）在房间里找不同的形状

让孩子们在一间房间里寻找出带有形状的物品，比如正方形、圆形、三角形、五角星……任何一种形状都可以。孩子们通常情况下会比较乐意在房间的角落里寻找物品，并画出来。

（6）制作一本计算手册

可以在家长的帮助下，让孩子翻阅一些书籍和杂志，然后计算出手册内的每一页上的照片、图标数量，也可以把书中出现的数字都剪下来，按大小排列整齐，最后粘贴在白纸上。

（7）模板游戏

举个例子，可以给孩子们一些不同颜色的葡萄（如紫色和绿色），让他们按队列排成不同的形式：紫—绿—紫—绿，或者是绿—绿—紫—绿—紫等。此外，还可以引导孩子们观察自然，比如毛毛虫身上的纹路，蜗牛或者乌龟背上的形状，蝴蝶翅膀上的假眼，有或是那些成对儿生长的东西，比如眼睛、耳朵、果实的核等。这类游戏可以激发孩子们的抽象思维能力。

（8）美味的数字

在给孩子们做点心时，可以给孩子们分一个量杯和一只碗，然后把要的分量和东西说出来，让孩子们去准备。这是非常简单和实用的方法，能够把体积和重量的概念传授给孩子。

2. 培养思维的整体性注意事项

（1）站在系统的高度上学习知识，注重知识的整体结构并经常性地进行知识归纳。

（2）寻找新旧知识点的联系与区别，发掘共性，区分个性，在比较中学习新知识。

（3）注重知识的纵向与横向关系，在融会贯通中提取知识，领悟其关键本质。

3. 培养思维的创造性注意事项

（1）注意思维活动的创造意识和创新精神，不要过于墨守成规。

（2）加强学习的独立性，保持应有的好奇心。

（3）提高问题意识，在工作和学习中，要善于发现问题，提出问题。

（4）注重思维的发散，在解题练习中进行多解、多变。

第三节 创造性设计思维

创造性思维是人们在认识事物的过程中，运用自己所掌握的知识和经验，通过分析、综合、比较、抽象，再加上合理的想象而产生的新思想、新观点。就创造性思维的本质来说，创造性思维是一种综合运用形象思维和抽象思维两种思维方式，并在此基础上突破传统思维发展的创新思维。创造性思维的核心在于它通过科学的思维方式，将全面地促进思维能力，更有效地创造客观世界。

一、创意思维的源泉

产生创意的思维并不是随性的想象，更不是胡思乱想就能出现的，乱意的捏造和涂鸦会使思维更加混乱。创意应该来自于生活，起源于各种信息、照片、书籍等资料的整合、收集和学习。生活是我们创意的开始，如果我们都失去了对生活的热爱，对事物的考究和品味，那产生出的创意也将会是没有朝气，只是一个躯壳罢了，将不能产生实质性的功能和效果。作为设计人才的我们应该对生活、对周遭的事物、花虫鸟兽等都要保持敏感和细心，用心体会，就好比一片叶子在普通人的眼中和艺术家的眼中所体会到的意境是不同的。现在的设计提倡环保，追求人与自然、社会的和谐相处，但这种和谐并不是简单地生搬硬套，不能在塑料袋前加上“环保”二字就一定无害，不能说购买绿颜色的东西就证明自己热爱自然，真正的和谐社会在于我们对生活的认真细致，去发现那些和谐的事物，然后维系人与自然的和谐共处，与此同时要消除那些破坏和谐的不良因子，在进行设计时，从小处着手，善于发现生活中的细小问题，从而引导和激发自己的创意思维，使设计更加贴近生活，更具有突破性和可行性。

不可否认生活是创意产生的一个必要条件，是最基础的一方面。同时，随着社会的不断进步，信息传播也不断加快，网络将世界各地的距离拉近，其他国家的讯息、照片、外文资料也充实着我们的生活，同时影响着我们的设计活动，为进行创意思维训练提供了大量有益的材料。设计本就是一门涉及学科范围很广的专业和工作，需要设计师具备多个方面的知识储备，因此社会对设计师们抱有很高的期望，设计师也要不断地借鉴他人优秀的设计作品，翻阅大量的资料来充实自身，如涉及科技领域的、生物领域的、文学领域的信息来丰富自己的知识面，随着时间的推移，在我们脑海中就形成了固有的创造性思维。

二、创意思维的训练方法

当我们发现自己对生活的热爱，对事物的考究和品读，有了知识的积累后就可以说明我们能设计出好的作品了吗？答案是否定的，我们还欠缺了一定的方法。创意类的思维训练方法有很多种，有些有规律可循有些则没有，我们还须正确地认识和理解。虽说思维不应该被条条框框里的规则和技法所束缚，但也只有掌握一定的规则、技法等，才能摆脱条条框框的限制。如上所述：创意思维不是随意地想象和绘制，而是需要一定的形式美感和功能作用，这就好比想熟悉一个人就要先和他成为朋友，弄清楚一件事情就要知道该事件的经过一样。

创意思维的训练方法有很多，经常被用到的属多向性思维方法，多向性思维是在思维过程中尝试从多个角度去进行思考，正所谓“横看成岭侧成峰”，要从不同的角度来观察问题和分析问题，这样才能对事物有个较为全面而本质的了解。放射性思维：是指围绕一个中心点去发散，在与之相关的领域内成放射性地寻找一切有关联的信息，希望找出尽可能多的答案。还有换元思维：指在思维过程中，通过分析事物特点的元素，并对其中某个元素进行变换，用来寻找和发现事物的新特征。转向思维：如若在思考中遇到某一个方向受阻，应该及时调整方向，探求另一个可发掘的方向。在探索事物的过程中要学会“旱路不通走水路”的灵活思维。对立思维：指从一般角度的对立方向展开思维，从而把对立双方有机地结合起来。逆向思维：从问题的相反方向着手，寻找突破的新方法。还有比如联想与想象、广度与深度、求同与求异等思维训练方式。任何一种思维方式中又遵循着特定的技巧和模式，需要我们进行大量的训练和实践，才能使自己深入掌握和灵活运用，最后提升到熟练程度，才能使我们的思维得到真正的开拓。如果没有经过这样的一个训练，即使脑中富有知识，也可能进行创意设计时会毫无头绪，一片空白。同时，在生活中主动留意身边的人、事和物，做个细心观察的人绝无坏处。不久之后我们所积累的经验素材和知识就能够为我们进行创意设计铺垫好道路。在进行具体的设计活动时，也不会感到很烦闷或束手无策。

三、创意思维训练的意义

社会的进步、科技的发展都离不开创意，艺术设计更是如此。社会提倡物质文明和精神文明两者要协同并进，所以我们在设计产品时，不能简单地只考虑到产品的功能属性，还要考虑产品的舒适度和美观，做到满足功能的同时也让消费者感到温暖和舒适，换句话说，在满足物质需要的同时也追求精神的愉悦，思维在不同时代对不同的艺术家和设计人员都提出了不同的标准和挑战，这是不可避免的，在时代发展的潮流中，设计师要用自己的创造力去引领生活、引领社会的进步，为社会和他人贡献出属于自己的一份力，体现设计的时代价值。

艺术设计思维训练：

思维是建立在感觉、知觉、表象等感性认识基础上的理性认识活动，思维活动所反映的并不仅仅是事物的单个特征，而是多个事物间的内部关联。人们通过思维方式对事物本质进行认识，进而对事物的本质属性作出间接的、概括的表达。因此，思维较感知和表象而言是更深刻、更完整、更高级的反映。

李月恩和王震亚在《设计思维》一书中写道：“设计思维是寻找那些隐藏在表象背后的含义并通过一定的组织方法有意识地表现其内在含义的过程，同时，也是体现人类设计思想创造性的一个重要渠道。”设计师通过对设计过程的把握以及对设计感性资料的积累，并运用一定的思维模式和手段有意识地将其规则化，在一定程度上就形成了一定的设计思维。设计的发展可以说也是设计思维的发展。传统思维与设计思维两者还是存在着差异，设计思维是一种敢于突破已有框架，提出新见解的思维方式。设计思维培养的着重点在于打破常规的思想规范，了解创新思维的特点，掌握创新技法，养成独立思考的良好习惯，形成自己的设计技法。总之培养设计思维至关重要，因为思维是贯穿设计阶段和艺术表达的关键。

设计创意源于设计师日常思维的训练和独立思考能力。设计教育的目的是让学生找到事物之间的联系，也就是找出问题，然后独立思考问题，并运用有效的方法，通过设计这一技法解决问题。同时设计教育的目的还在于通过设计思维的培养和训练唤起学生对知识和智慧的热情。

设计离不开创意，没有创意的设计是没有生气的，没有情感的，其最终也会被时代所抛弃。创意思维的训练是设计师必须经历的过程，这个训练为开阔我们的想象力和进行创意设计打下了坚实的基础。

四、创造性思维方法

创造性思维是一种具有开创意义的思维活动，即开拓人类认识新领域、开创人类认识新成果的思维活动。创造性思维是以感知、记忆、思考、联想、理解等能力作为基础，是综合性、探索性和求新性特征的高级心理活动，需要我们付出大量的脑力劳动。一个创造性的思维作品通常都要经过长期的探索、刻苦的钻研、许多次的失败才能最终获得成果，创意思维并不是随时都存在，它需要经过长期的知识积累和实践操作才能具备，至于创造性思维的过程，则离不开繁多的推理、想象和直觉等思维活动。

创造性思维就是指发散性思维，这类思维方式如果遇到瓶颈，能自发从多个方面、多个层次和多种结构去转换思想，寻找解决办法，不受到固有知识的局限，也不受到传统设计的束缚，其思维路线是开放性、扩散性的。解决问题的方式不是单一的，而是在多个方案、多种途径中去探索和选择有价值的。创造性思维具有广阔性、深刻性、批判性和灵活性等特点。

创造性思维是具有开创性的一种思维方式，是探索事物奥妙的高级思维，是拥有独特性、具有创见性的一种思维，是扩散性思维与集中性思维的辩证统一，是抽象思维和形象思维的对立统一。我们通过创造性思维可以了解到客观事物的本质属性与规律，而且在此基础上会产生新的、有社会意义的设计成果。广义的创造性思维是指思维主体具有创见性的想法和有意义的思维活动，人人都会有创造性思维。狭义的创造性思维是指思维主体的发明创造或是新的理论成果，最终会形成新的概念，这类创造性思维是经过长期训练的少数人才会拥有。

创造性思维是设计作品产生的必要条件，思维能力是个人推动社会进步的强有力手段，特别是处于现在知识经济时代，创造性思维的培养更加重要。丰富的知识结构、强大的联想能力、设计思维的灵活性等都是其不可或缺的条件，还需要加强团队合作能力，定期进行思想交流等。

创造跟随发展的需要，社会发展要求创造是第一动力。思维的求实性就体现在善于发现社会的需求，发现人们在理想与现实之间的差距，从满足社会的需求出发，开阔思维空间。而需求是多方面的，存在着显性和隐性。显性需求早已被市场关注，再去研究没有意义，并且很难再次创新。而隐性的需求市场潜力大，需要我们去创造性地发现。

在商业经济中经常会出现“跟风”现象，很多商家一旦发现这类商品有利可图，就会赶紧随潮流联系货源进行销售。结果往往会使市场的这类商品供大于求，不但自己不能盈利而且还造成恶性竞争。为了解决这一市场危机，一些有创造性思维的商家将预测学里的原理应用到经营管理中，通过对信息的收集筛选与分析判断，得出符合事物发展规律的论断，进而制定相应的策略。例如：沃尔玛于1980年引入条形码，是世界上首家使用条形码即通用产品码（UPC）技术的折扣零售商，这使得收银员的效率普遍提高了50%，因此所有沃尔玛店都引进条形码系统。条形码这一成功使用使得西方很多国家都把沃尔玛看作是新技术引进的经典范例。再比如长岭集团在产品销售时，开始着手研发无氟冰箱，先进行自我淘汰，开创在市场竞争中的有利先机。

创造性思维的特点具有新颖性，价值在于它的创意，又或者是在思路的推敲上，有其独到的特色，创造性思维在往常的基础上提出新的见解，完成新的突破，从而在限定范围内具有首创性和开拓性。

创造性思维具有极大的灵活性。它不像传统思维一样有固定的思考方式或者规律可循，人们可以尽情地发挥自己的想象力。

创造性思维具有艺术性和非拟化性，它的对象大多都是“自由之物”，而不是“为我之物”。

创造性思维对人类社会发展起到很重要的推动作用。首先，创造性思维应该不断接受新知识，来扩宽知识面；其次，创造性思维可以不断提高人类的认识能力；再者，创造性思维还可以为实践活动提供新思路。最后，创造性思维的成功实行可以反馈和激励人们更加完善创意。正如我国著名数学家华罗庚所说：“‘人’之可贵在于能创造性地思维。”

创造性思维在解决一个问题的时候，是需要一定的过程。在心理学领域，学者们对这个过程也做了大量的研究，具有代表性的是英国心理学家华莱士 (G.Wallas) 所提出的四阶段论和美国心理学家艾曼贝尔 (T.Amabile) 所提出的五阶段论。华莱士主张任何创造性过程都应该包括准备阶段、酝酿阶段、明朗阶段和验证阶段四个阶段。而艾曼贝尔从信息论的角度出发，主张创造性的活动过程要包括提出问题、准备阶段、产生反应、验证反应、结果分析五个阶段组成，并且可以循环往复。下面以华莱士的四阶段论为例详细的了解下创造性思维的活动过程。

（1）准备阶段

准备阶段是创造性思维活动过程中的首要阶段。这个阶段的任务主要是信息的收集和整理，为前期材料的准备阶段。这一阶段会对问题存在着很多未知属性，所以在准备资料信息的时候，要借鉴前人的经验去总结问题的概念，为接下来的活动做准备。如：爱迪生为了发明电灯泡，光前期资料整合成的笔记就有 200 多本，页数达四万多页。由此可见任何发明创造都不是凭空想象得来的，都是在日积月累中以及大量的研究中得出的。

（2）酝酿阶段

酝酿阶段主要是针对准备阶段所搜集到的信息、资料进行消化和提取，在此基础上要寻找出问题的关键点，方便思考解决这一问题的策略。在这一阶段，有些问题会难以找到答案，我们可以把这些问题暂时放置一旁，但思维活动并没有因此而停止，这些问题会时刻出现在脑海中，甚至会转化成一种潜意识。在酝酿过程中也很容易产生狂热的状态，如“牛顿把手表当成鸡蛋煮”这个事件就是一个典型的狂热者做出来的事。所以在这一阶段，要注意调节思维的紧绷与松弛，使其向着有利于解决问题的方向发展。

（3）豁朗阶段

豁朗阶段也可称之为醒悟阶段。经过了前面阶段的准备和酝酿，思维发展已经较为成熟，在解决问题时会出现一种豁然开朗的局面，这就是灵感的迸发。比如耐克公司的创始人比尔 · 鲍尔曼，他有一天正在吃妻子做的威化饼，感觉味道很不错。因此他被触动了，想着如果把跑鞋制作成威化饼的样式，该会有怎样的效果呢？于是，他就拿着妻子做威化饼的特制铁锅到办公室研究起来，随后，制成了第一双鞋样。这就是有名的耐克鞋的发明。

（4）验证阶段

验证阶段即实施阶段，主要针对前面三个阶段所用的方法和策略进行检验，寻求更完善的解决方案。这是一个否定—肯定—否定循环往复的检验过程。需要通过不断的实践检验，才能得出最合适的设计思维过程。

创造性思维方法的培养：

创造性思维属于人类的一种高级心理活动，是政治家、教育家、科学家、艺术家等各行业的人才所必须具备的基本素质。心理学上认为：创造性思维中的思维不仅能表达客观事物的内在本质和联系，而且能在这基础上产生出新的，并且具有社会价值的思维成果。

创造性思维是在日常思维的基础上发展起来的，是后天培养与训练的结果。卓别林为此说过一句很有意思的话：“和拉提琴或弹钢琴相似，思考也是需要每天练习的。”因此，我们可以下意识地从以下几个方面训练自己的创造性思维能力。

（1）展开“幻想”的翅膀

心理学家认为人脑有四个功能部位：一是接受外部世界感觉的感受区；二是将这些感觉总结归纳起来的贮存区；三是对信息进行评判的判断区；四是将新旧信息整合起来的想象区。如果只运用贮存区和判断区两个功能，而不运用想象区功能的人就会没有创新感。据心理学家研究，我们一般情况下只运用到了想象区百分之十五的空间，剩下的空间都处于“休眠”状态。想利用这块区域就要从培养想象力开始。

想象是人类利用大脑中存储的信息进行分析、推理和构思的思维能力。在思维进程中，若是没有想象的参与，思路就很难继续下去，特别是具有创造性的想象力。

爱因斯坦曾说过：“想象力比知识更重要，因为知识是有限的，而想象力概括着世界的一切，推动着世界进步，并且是知识进化的源泉。”爱因斯坦的“狭义相对论”就是从他幼时幻想人跟着光线跑，并能努力赶上它开始的。世界上第一架飞机是从人们梦想着创造鸟的翅膀开始的。想象力能指引我们去发现新的事物，而且还会激发我们去深入探索创造性的劳动。

青年人是幻想的主力军，要珍惜自己这一阶段的财富，并运用到实处。幻想属于创造性思维的前期阶段，有可能当时幻想过的事物，在一段时间后可能就变成了现实。

（2）培养发散思维

所谓发散思维就是指如果一个问题有多个解决方案，那就把这个问题作为整个事件的中心点，不局限思考的方向，发散得到的答案越多越好，没有唯一的答案。我们在发散性思维中不用害怕错误和失败，在各种答案中找出充分表现创造性思维的成分即可。1979 年诺贝尔物理学奖金获得者、美国科学家格拉肖曾说过：“涉猎多方面的学问可以开阔思路……对世界或人类社会的事物形象掌握得越多，越有助于抽象思维。”比如我们思考“砖头有多少种用途”？至少我们知道会有以下的答案：造房子、砌院墙、铺路、帮助停在斜坡的车辆防滑、作锤子、压纸头、垫东西、搏斗的武器，如此等等。接下来需要做的是在这些发散词中寻找有创造性的点进行深入。

（3）发展直觉思维

在学习过程中，直觉思维有时会面临很多不同寻常的问题，比如大胆的猜想，或是一种应急性的回答，又或者是为解决问题而设想出多种多样新的方案等等。为了训练我们的创造性思维，当这些想象纷至沓来的时候，千万要记得抓住机会，深入下去。年轻人敏锐度强，记忆力好，思维活跃。在工作和生活中，在发现问题和解决问题过程中，有时会突发奇想，我们要及时抓住这种创新思维的产物，要善于发展自己的直觉思维能力。

（4）训练思维的流畅性、灵活性和独创性

流畅性、灵活性、独创性是创造思维的三个重要因素。流畅性是指针对刺激能比较流畅地给出反映的能力。灵活性是指遇到某个事物能随机应变的能力。独创性是指针对一个事件而做出不同反映的设计行为，具有新颖价值。20 世纪 60 年代美国心理学家曾采用所谓急骤的联想或暴风雨式的联想的方法来训练大学生们思维的流畅性。训练过程中，要求学生像夏天的暴风雨一样，快速地产生出一些观念想法，不容迟疑，也不要顾虑成绩的好坏，或观念的优劣，点评在联想结束之后再进行，不会影响到过程中学生的发挥。学生联想的速度越快代表越流畅，涉及的知识面越广代表流畅性越高。这种没有限制的联想与快速反应的训练，对于设计思维来说，不论是质量还是流畅性都有很大的提升，它推动着创造思维的发展。

（5）培养强烈的求知欲

古希腊哲学家柏拉图和亚里士多德都曾提到过：哲学的起源乃是人类对自然界和人类自身所有存在的惊奇。他们认为创造性思维的积极性，通常在于会使人们感到惊奇，会对这个问题表现出强烈的兴趣。因此，想要激发创造的欲望，首先就必须培养自己的求知欲，而人的求知欲是在精神层面上得到满足的，没有精神需求就没有求知欲。我们要下意识地去寻找待解决的问题，或是去探讨前人遗留下的不解之谜，从而激发求知欲。青年人对事物的求知是最强烈的，但是如果不有意识地将欲望转移到智力追求和科学探讨上，就会越来越萎靡。求知欲会推动着人去主动探求知识，进行创造性的思维过程。同样也只有在求知的过程中，才会不断地引起我们的好奇心，使求知欲不断发展。只有当人们对学习的心理总处于“跃跃欲试”阶段的时候，他才会使自己的学习过程变成一个主动积极、“上下求索”的过程。这种学习状态不仅能收获现有的知识和技能，而且还能探索进一步的未知领域，勘测新的知识层面，甚至创造前所未有的新见解和新事物。

思维的跨越性：

创造性思维带有很大的跨越性，其思维步骤和跨度比较大，具有明显的跳跃性。例如：俄国十月革命的时候，有一名敌军军官摇摆不定，没有下定决心投诚，列宁于是不再按部就班地去做那位军官的思想工作，而是让电台向全国广播这名军官已经起义，迫使这名军官最后下定了决心，立即宣布武装起义。

创造性思维的跨越性还表现在跨越事物“可见度”的限制上，即能快速地完成虚拟与现实之间的转换，加大了思维前进的跨度。例如，毛泽东在 1953 年接见团代会的代表时说：“要选青年干部当团中央委员。三国时期，曹操带领大军南下攻打东吴。那时，周瑜是个‘青年委员’，当年东吴的统帅程普等老将不服，后来经人劝说，最后还是由周瑜担任，其结果是大获全胜。现在要周瑜当团中央委员，大家就不赞成！团中央委员尽选年龄大的，年轻的太少，这行吗？”（《毛泽东选集》第五卷，人民出版社 1977 年版，第 85 页）这里描述毛泽东的思维跨越古今，虚实转换，富有创造性。

在文学创作领域，创造性思维的跨越性表现得更加明显。例如毛泽东诗词《蝶恋花 · 答李淑一》中写道：“我失骄杨君失柳，杨柳轻飏直上重霄九。问讯吴刚何所有，吴刚捧出桂花酒。寂寞嫦娥舒广袖，万里长空且为忠魂舞。忽报人间曾伏虎，泪飞顿作倾盆雨。”（臧克家主编：《毛泽东诗词鉴赏》，河北人民出版社 1990 年版，第 182 页）作者的思维不受事物“可见度”的限制，跨越了古今、天地、人神，灵活地转换于虚实之间，表达了对革命先烈的缅怀思念之情，抒发了革命的浪漫主义情怀。

第四节　综合思维方法

我们脑海中的知识是有限的，但真理是相对的，世间上的事物是无限的，其发展又是无止境的。无论是已知的还是未知的，我们的知识储备永远是不够的。所以，思维的批判性首先要表现在对事物的怀疑精神上，对待自己和他人的推断，包括权威的论断，都要敢于持有怀疑态度。法国作家巴尔扎克说：“打开一切科学的钥匙都毫无异议的是问号，而生活的智慧大概就在于逢事都问个为什么。”

习惯性思维是指思维方式上的一种惯性，使人们依照惯性去进行思考，因循守旧，这种方式极大地阻碍了事物的发展。因此，设计思维要勇于打破惯性思维的局限，敢于打破常规，另辟蹊径，以丰富的知识和经验作为支撑去联想，期待从中能迸射出创造性的灵感，发现迄今未知的秘密。法国作家莫泊桑说：“应时时刻刻躲避那些走熟了的路，去另寻一条新的路。”

一、思维的几大特性

1. 思维的连贯性

一个善于思考的人，往往很容易进行创造性思维，从而激发起潜意识里的灵感。设计师要培养思维的连贯性就要在日常的小事中着手，不定期地进行思维训练，让思维活跃，新的构想就会不断地出现。

托马斯・爱迪生一生共拥有1039项专利，这个记录至今无人能超越。他给自己和助手制订了创新计划，每10天要有一项小发明，每半年要有一项大发明。有一次他无意将一根绳子在手上绕来绕去，便由此想起可否用这种方法缠绕碳丝。如果没有思维的连贯性，爱迪生是不会有如此敏锐的察觉的。由这个事例可知，只有勤于思考才能灵活地运用思维，才能快速捕捉到有价值的灵感。

对创新思维的见解一直存在着一些错误的地方，比如：认为创新思维具有偶然性。事实上，每一次创新看似像偶然发生的，但偶然是经过长期训练必然的结果。

2. 思维的灵活性

创造性思维的思路比较开阔，偏向于从多个角度去进行思考，在思考的过程中如果遇到困境，就不会束缚在一种方式上，能灵活地转换另一种方式，从新的角度转换思考，具有随机应变的能力。创造性思维善于寻找最优、最佳的方案，灵活易变，能有效地解决问题。举例如下：

（1）辐射思维：思维集中以一个主问题为中心点，然后发散形成辐射状，想出尽量多的答案，扩展优化选择的余地。科学家维纳在研究新理论时，思维经常进入多个学科进行探究。当一个人在从事某种工作时或是解决问题时，经常是将事物进行对比、权衡和发散，想出多种方案来加强解决问题的应变能力。

（2）多向思维：即思维不局限于一个方向，可以从多个方向对事物进行思考，要发掘别人没有注意到的方向。数学中的“三点找圆心法”就是从多个角度去发现解决问题的方法。古人游历庐山时作诗：“横看成岭侧成峰，远近高低各不同”所描绘的风景就是从多个角度出发观察的。多个方向才能对事物有较为全面的了解，才能把握事物的本质规律，发现别人不曾发现的领域。爱因斯坦所建立的相对论就是从多个方面观察研究后，对事物之间的相互关系做出了合理的解释。

（3）换元思维：是指在事物各种构成要素中，选择变换其中的某一要素，希望以此能打开新思路和新途径。在自然科学领域，一个科学实验往往会在改变不同的材料和数据后，再进行反复的验证。在社会科学领域，换元思维的应用也是普遍存在的。如社会生活中人物情节、说话语句的变换，工作岗位中的人员调整等。

（4）转向思维：当思维在某处地方停滞不前时，这就意味着要转向另一个角度去进行探索，不必一直困在这个地方。著名画家达・芬奇在绘画创作的过程中，善于从一个角度出发，不停地转向另一个角度研究，对设计对象、素材的理解也随着角度的每一次转换而逐渐加深，从而最终发现创作对象的本质特征，创造了一个个传世佳作。还有些人在本专业的研究没有达到预期效果，及时地转向了另一学科研究并做出了重大贡献。现今的学科领域日益呈现出高度综合又高度分化的趋势，各种交叉学科、边缘学科和横断性学科层出不穷，跨学科研究已成为一种趋势。

（5）对立思维：是指从相对的方向进行思考，然后将两者有机地结合起来。邓小平同志就是将社会主义制度和资本主义制度两种不同的社会制度结合起来，反复进行思考，最终提出了重要的“一国两制”思想。我党又以此为例，顺利地解决了澳门回归的问题。

（6）反向思维：从相反的方向进行思考，寻找创新的突破口。例如吸尘器的发明是从“吹”灰尘的相反角度“吸”灰尘思考而来，进而运用真空负压原理制成了电动吸尘器。

（7）原点思维：从事物的起源入手，找出问题最原始的关键答案。在探究事物的过程中我们经常会遇到这样的情况：已经发展到中后期的问题无法得出答案，这时回到问题的原点重新思考，答案可能就会出现。例如在美国纽约，一只鳄鱼皮制成的女式提包，按尺寸大小曾售价 1500~4000 美元不等。因此很多人都将鳄鱼包看成是财富的象征。在进行市场调查时，有人提出“谁最需要鳄鱼皮”这一问题，巴赛蒂斯先生花费很多时间去调查这一问题，在各种各样的答案中，有一个答案被认为是唯一的答案：“鳄鱼最需要鳄鱼皮”！我国的古谚语“解铃还须系铃人”讲的也是同样的道理。

（8）连动思维：即由此思彼的思维方式。连动的方向有三种：一是纵向连动，即发现一种现象就从纵向这一条线深入思考，挖掘其产生的原因；二是逆向连动，指出现一种现象时要首先联想到它的相反面；三是横向连动，即发现一种现象就能联想到与它相似或相关的事物。即由浅入深，由小及大，推己及人，触类旁通，举一反三，从而获得新的认识和发现。如“一叶落知天下秋”，“窥一斑而知全豹”，“运筹帷幄之中，决胜千里之外。”

二、思维的综合性

任何事物都是以系统的方式而存在，都是相互联系着、相互依存着、相互制约着的有机整体。这要求设计师在进行发散思维时，将事物放置在系统环境中考虑，进行全方位、多层次、多方面的分析与综合归纳，找出事物间的内在关联，而不是孤立地观察事物，更不是单纯地利用某一方法进行思维活动，应是多种思维方式的综合运用。凭借着一知半解去进行思维是行不通的，在搜集大量的事实依据和相关材料后，运用交叉学科优势发挥思维的统摄作用，才能把握住思维的特点，找出运行规律。

这种综合性的思维方式，体现了对已有智慧的升华，这不是简单的相加、拼凑。综合后的整体会大于原来的部分之和，综合思维可以变不利因素为有利因素。是从个别到一般，从局部到全面，从静态到动态的矛盾转化过程，是辩证思维运动过程，是观念得到突破从而形成具普遍意义的新成果的过程。

“瞎子背瘸子”就是综合性思维的典型事例。瞎子的眼睛看不见，瘸子的腿跑不了，假如房子着火了谁也逃不掉。但如果瞎子背着瘸子逃出去，二人都发挥了自己的优势，不仅可以逃跑还可以指路，这和常人并无差异。

所谓综合性就是把系统的各个部分、各个方面和各种因素联系起来，探查当中的共同性和规律。系统的综合性原理包括：①系统目标的多样性和综合性；②系统实施方案选择的多样性与综合性。

阿波罗登月计划的总指挥官韦伯曾说过：“当今世界，没有什么东西不是通过综合而创造的。”阿波罗计划中就没有一项是新发现的自然科学理论和技术，都是对现有技术的运用。计划成功的关键就在于综合，综合另一意义上就是创造。

磁半导体的研制者菊池城博士说：“我认为搞发明有两条路：第一是全新的发明；第二是整合已知的事实。”

摩托车的诞生也是综合的结果，它是将自行车的灵活性和汽车的机动性两者结合而形成的产物。后来，日本的本田会社又综合了世界上九十多种各具特色的发动机的优点，设计研制出了世界上综合性能最佳的发动机，用以装配出世界一流的摩托车，成为世界摩托车行业的领头羊 。可见，能将很多优点结合起来也是一种创造，这并不是简单地拼凑、堆积，而是协调、兼容和创造。

我们在现实生活中的思维状态灵活而丰富，是多少特征都无法概括的，任何一种语言都无法描述。创造性的思维就要摆脱窠臼、开辟新道路，而这一过程是需要经过大量、反复、深入的思考后，才能豁然开朗。要熟知和驾驭创造性思维方式，人们须自觉培养和积累，逐渐具备优秀的思维功底和品格。我们必须积累丰富的知识、经验和智慧，才能稳步向前。必须勇于实践，不怕失败，从失败中总结经验。经过时间的推移，我们积累的知识会帮助我们实现思维质的飞跃，创造出新的成果。这样才能适应市场经济的需求，在飞速发展的时代下，做新时代的开拓者。

设计形式：

（1）抽象思维：亦称逻辑思维。是认识过程中用反映事物共同属性和本质属性的概念作为基本的思维形式，在概念的基础上进行判断、推理，反映现实的一种思维方式。

（2）形象思维：形象思维是指用直观形象和表象解决问题的思维，其特征是具体形象性。

（3）直觉思维：直觉思维是指对一个问题还没有进行深入的分析，单纯地依靠内在因素的感知就快速地对问题作出判断、设想，或者在对问题踌躇不前时，突然对问题有了灵感，甚至对即将发生的事物结果有预感等都属于直觉思维。

（4）灵感思维：是指凭借直觉而进行的快速性、顿悟性的思维方式。它不是一种简单的逻辑或非逻辑的单向思维运动，而是逻辑性与非逻辑性相统一的理性思维整体过程。

（5）发散思维：是指从一个具体问题出发，沿着多种途径去进行思考，探求多种答案的思维方式，它与聚合思维相对。

（6）收敛思维：是指在解决问题的过程中，尽可能利用已有的知识和经验，把大量的信息和解决的可能性逐步引导到条理化的逻辑序列中去，最终得出一个合乎逻辑规范的结论。

（7）分合思维：是一种把问题对象在思维中加以拆分或合并，然后得到一种新的思维产物的思维方式。

（8）逆向思维：这是一种常见的思维方式，即对已成定论的事物或观点再反过来思考的一种思维方式。

（9）联想思维：指在人脑记忆表象系统中，由于某种诱因导致不同表象之间发生联系的一种没有固定思维方向的自由思维活动。

三、逆反的设计思维与方法

逆向思维与一般思考方式背道而行，从事物相反的方向去进行思考，也可称作反向思维。因为客观世界上很多事物之间 A 能产生 B，B 也可以产生 A。如：化学能可以产生电能，据此意大利科学家伏特在 1800 年发明了伏打电池。反过来电能也能产生化学能，通过电解，英国化学家戴维在 1807 年发现了钾、钠、钙、镁、锶、钡、硼等七种元素。爱迪生在对电话进行改进的过程中，发明制造了世界上第一台留声机。又比如说话声音的高低能引起金属片相应的振动，相反金属片的振动也能引起声音高低的变化。

那么如何进行逆向思维呢？

（1）按照事物依存的条件进行逆向思维。例如：当一个小孩掉落水里时，人们从水中救起这个小孩，是使人脱离水，而司马光救人的故事是打破缸，使水脱离人，两者就是逆向思维的对立面。

（2）按照事物发展的过程逆向思考，如人上楼梯是人走路，而搭电梯是机器运作，人不动。

（3）按照事物的位置逆向思考，如某综艺节目中开展过假如“我是某某”的活动。

（4）按照事物的结果逆向思考，据传俄国大作家托尔斯泰曾出过这样一道题：从前有个农夫，他死后遗留了一批牛，他在遗书中写道：妻子得全部牛的半数加半头；长子得剩下的牛的半数加半头，正好是妻子所得的一半；次子得还剩下的牛的半数加半头，正好是长子的一半；长女分给最后剩下的半数加半头正好等于次子所得牛的一半。结果一头牛也没杀，也没剩下，问农夫总共留下多少头牛？可以相互讨论下，然后利用逆向思维进行推理。

在商业社会发展中，经常会出现逆向思维的应用案例：如做钟表生意的商人都喜欢说自己的表准，而突然有一个表厂却说他们的表不够准，每天会有1秒的误差，这样一来不但没有失去顾客，反而得到了大家的认可，销售火爆。

试试用8根火柴作2个正方形和4个三角形（火柴不能弯曲和折断）。

按照一般经验，在正方形当中作三角形都非常容易从对角线入手，但对角线的长度大于正方形的边长，所以反过来想，要组成三角形，又要有相同的边长，那就要错开对角线。（图2-3）

图2-3

逆反思维案例：

（1）小米、苹果手机的饥饿营销

苹果iPhone4s在营销阶段推出大规模排队、断货等的饥渴营销模式，引来众多消费者围观并产生购买的冲动；小米手机也是通过欲擒故纵的产品战略，调控产品的供给和需求，引发消费者的好奇和逆反心理，最后形成疯狂追逐的场景。这两个手机品牌都跟市场上其他品牌疯狂销售产品不同，利用相反的状态去吸引消费者。

（2）英国555营销，经典赢在当下

“禁止抽各种香烟，连555牌也不例外。”这是英国555香烟的经典广告语，在很多营销教材中被广泛提及，同样类似的经典故事还有某品牌手表的宣传语：“这种手表走得不太精准，24小时会慢24秒，请谨慎购买。”这类型的广告语都是充分利用了逆反心理营销术的经典案例。

四、发散的设计思维与方法

发散型设计方法是指个体在解决问题的过程中常常表现出发散思维的特征，表现为个人的思维沿着大量不同的方向扩散，使观念发散到各个有关方面，最终获得多种可能的答案但并不是唯一的答案，因而容易产生有创见性的新颖观念。

想象力是创造活动的源泉，联想则是汇聚的源头。发散的设计思维就为这个源头水的流淌提供了宽敞的道路。在创新思维的方法中，有很多方面都与发散思维有着密切关联。发散思维的主要功能是为了收敛思维并提供多的解决方案，虽然这些方案不会每一个都有价值，但这一阶段一定会在数量上有足够的保证。

1. 发散思维的一般方法

①材料发散法——以某个产品尽可能多的“材料”特征为发散点，设想它的多种用途。

②功能发散法——从某事物的功能角度出发，设想出获得该功能的各种可能性。

③结构发散法——以某事物的结构为发散点，构想出利用该结构而出现的各种可能性。

④形态发散法——以某事物的形态为发散点，设想出利用该种形态而出现的各种可能性。

⑤组合发散法——以某个事物为发散点，尽可能多地把它同别的事物进行组合形成新的事物。

⑥方法发散法——以某种方法为发散点，设想出利用该方法后的各种可能性。

⑦因果发散法——以某个事物发展的结果为发散点，推测出造成该结果的各种原因，或者由原因推测出可能产生的各种结果。

2. 假设推测法

假设的问题无论它是不是随机的或是有所限定的，它所涉及的事实都应该与真实情况相反，是暂时不可能的或是现实不存在的事物对象和状态。

由假设推测法所得出的结果很可能是不切实际的、荒谬的，甚至是不可行的，但这并不重要，重要的是有些观念在经过转换后，也能成为合理的且有用的思想。

3. 集体发散思维

集体发散思维不仅需要运用我们自己的全部思维，有时还需要借助我们身边的广阔资源，集思广益。集体发散思维可以采取不同的形式，比如我们经常提起的歇后语：“三个臭皮匠，顶个诸葛亮”也是说明集体智慧大于个人智慧。我们在设计方面，通常采用的“头脑风暴法”，使每个人快速地说出自己觉得可行性的想法，只要自己觉得行得通，所说的都可以被大家认同和采纳，最后集体总结得出结论，这个方法就叫做“头脑风暴法”，又或者是集体发散思维。

4. 发散思维与逻辑思维

发散思维就好比是一棵树，思维的本身什么都不是，但却拥有一种“迁移类比”的能力。如果说一件事情是“树”的主干，那么它的枝条、叶子、根茎等就是思维迁移的结果，迁移类比能力越强则枝丫、叶子、根茎等就会越茂盛。这里用来培养树的营养液就是人们在学习生活中积累的见识和认知，毫无疑问这种积淀越深厚，所迁移出来的深层认知就会越准确，包含的信息也就越广阔。思维发散它不依靠任何媒介，但一定要事出有因，也就是说要有一个引发事件。

例如图 2-4、图 2-5 所示，给出一个引发事件“动物”一词，利用发散思维得出猪、虎、鱼等动物名称，然后再细分到品种，以此类推。

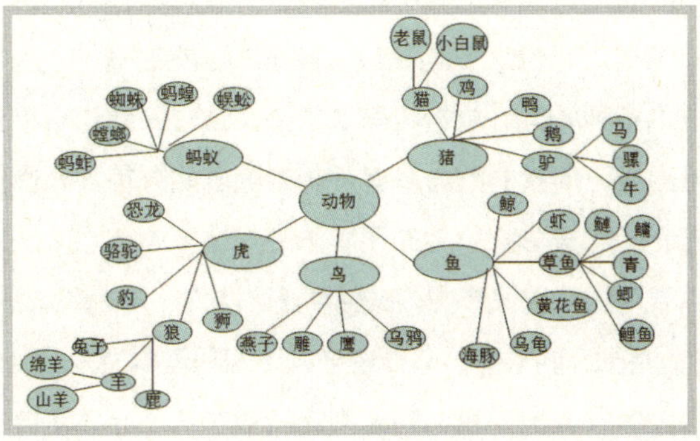

图 2-4

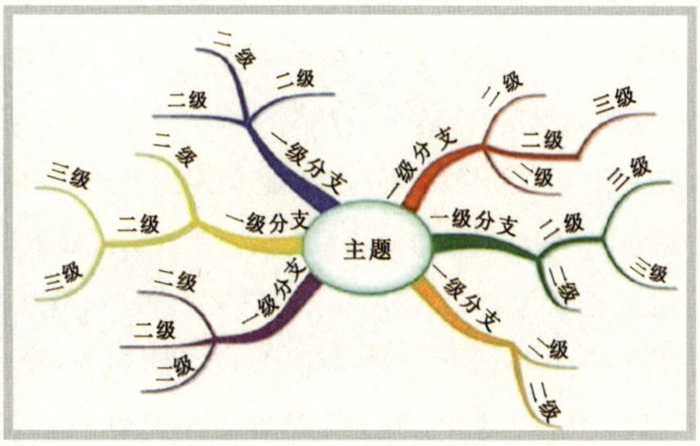

图 2-5

迁移需要人类思维活动，因为有些事物之间没有明显的关联，所以首先要给出假设，然后实践论证。发散思维主要是通过类比推进的，包括起因—经过—结果等进行，但要注意积累，这种发散思维往后才会越来越广泛和丰富。发散思维往往通过逻辑思维来建立其连接关系，因为要使迁移的结果尽可能客观精准，连接关系能够不使用的时候尽量不要感知。逻辑论证对非感性一类，有广泛的适用性，所以当有些事情牵扯范围很广的时候，它的枝干则有可能是直接运用发散思维迁移而推出的，而有些是只能运用逻辑思维进行理论推导后再进行发散才是正确的。发散思维的价值取决于人生阅历和对社会、对人性的感知，只有这些感知不断积累、丰富，发散思维的价值才会越来越高。所以，发散思维本身要借助于生活阅历和思维动力才能体现其价值，如果一个人什么都没有经历过，那发散思维就相当于空架子，没有内在。因此，这就要求我们要留意生活中的点滴，要拥有本真，要遇事沉着，冷静是一切事情顺利的开始。要使迁移的结果更客观、准确，冷静是必不可少的条件，所以发散思维很大程度上锻炼人的心智，对任何事情在分析的时候既要有身临其境之感也要有旁观者清的顿悟。

五、创造法则

1. 智力激励法

智力激励法又可称之为头脑风暴法（Brain Storming）或者 BS 法，是指一组人员通过召开特殊的专题会议形式，对某一特定问题与组员之间进行交流探讨，互相启发、互相激励、互相修正、互相补充，集思广益才能产生大量新的想法，这是世界上最早付诸实践的创新技法。智力激励法在 20 世纪 30 年代由奥斯本发明后在世界各地都广受欢迎，此激励法经过各国创造学研究者们的实践和发展之后，至今已形成了一个发明技法群，如：奥斯本智力激励法、默写式智力激励法、卡片式智力激励法等。

头脑风暴法来自“头脑风暴”一词。头脑风暴 (Brain storming) 一词最早用于精神病理学上，是指精神病患者的精神错乱状态，患者表现为无限制的自由联想和讨论，其目的在于利用头脑风暴法激发产生新的想法或激发创新观念。

集思广益是头脑风暴法最大的优点，这里并不包含很深奥的道理，关键就在于如何去达到集思广益。开会讨论的形式是集思广益最常见的办法之一，但这并不说明所有形式的会议都能达到让人畅所欲言、饱含激情的效果。奥斯本的贡献就在于找到了一种能够有效地实现信息刺激和信息增值的操作方法。奥斯本在 20 世纪 30 年代发明了这种创造技法，不久后就在美国得到推广，日本也相继效仿使得企业的发明创造与合理化建设活动都取得卓越成果。我国华北地区铁道学会在一次有关新型车辆转向架设计方案的研讨中，前面两天的集中发言尽管很热烈，但从记录中可归纳的新的创造性意见并不多。后来，会议举办者使用头脑风暴法再次进行研讨，结果很快收获了 30 多条有创见性的新设想，比前两天提高了一半的效率。

随着科学发明的多样性和复杂性，涉及的课题和技术多种多样，单枪匹马式的蒙头苦想只会让结果变得苍白无力，而“群起而攻之”的激发创意战术则显示出战无不胜的威力。有一年的美国北方格外寒冷，大雪纷飞，电线杆上堆满积雪，大范围的电线被积雪压断，严重影响当地通讯。当时，许多人都想解决这一问题，但都没有成功。后来，电讯公司经理利用奥斯本发明的头脑风暴法，试图寻找解决这一难题的方法，他召开了一场座谈会，参加会议的人都是不同专业的技术人员，要求他们必须遵守以下四项基本原则：

第一，自由思考。要求到场者尽量发散思维，不带任何顾虑地去思考问题并畅所欲言，不必在意自己的想法是否“离经叛道”或“荒唐可笑”。

第二，延迟评判。要求到场者在别人诉说想法时不要对他人的想法做出评价，不要发表“这主意有新意！”“这种想法太不靠谱了！”之类的“表扬句”或“批判句”，至于对设想的评价，会留在最后由专门的人员进行考虑。

第三，以量求质。鼓励参与者广而精地提出设想，从大量的设想中来保证质量较高的设想的存在。

第四，结合改善。鼓励参与者积极同他人进行智力互补，在激发自己设想的同时，注意思考如何把两个或多个设想结合成另一个更完善的想法。

根据这种会议规则，大家开始讨论起来。有人提出设计一种专门的电线清雪机；有人想到用电热来化解冰雪；也有人建议用振荡技术来清除积雪；还有人提出能否带上几把大扫帚，乘坐直升机去扫电线上的积雪。对于这种“坐飞机扫雪”的设想，大家心里尽管觉得滑稽可笑，但在会上也无人提出批评。相反，有一工程师在百思不得其解时，听到用飞机扫雪的想法后，大脑想法受到激发，一种简单可行且高效率的清雪方法冒了出来。试想每当大雪过后，出动直升机沿积雪严重的电线飞行，依靠高速旋转的螺旋桨即可将电线上的积雪迅速扇落。他马上提出“用直升机扇雪”的新设想，顿时又引起其他与会者的联想，关于使用飞机除雪的想法一下子又多了七八条。不到一小时，与会的 10 名技术人员共提出 90 多条新设想。

会后，公司组织专家对设想进行分类论证。专家们认为设计专门的清雪机，采用电热或电磁振荡等方法清除电线上的积雪，在技术上虽然可行，但研制费用大，且周期长，一时难以见效。那种因“坐飞机扫雪”激发出来的几种设想，倒是一种大胆的新方案，如果可行，将是一种既简单又高效的好办法。经过现场试验，发现用直升机扇雪真能奏效，一个久久没有解决的难题，终于在头脑风暴会上得到了解决。

由上述案例可知，所谓的头脑风暴会议，实际上是一种智力激励法。这种方法的英文原意是 brain storming，直译为精神病人的胡言乱语，奥斯本想借用这个词来形容会议的特点是让与会者敞开思想，使各种设想在相互碰触中激起脑海的创造性“风暴”。

智力激励法的操作程序：

头脑风暴法致力于通过一定的讨论流程与规则来保证创造性讨论的有效性，因此，讨论流程是头脑风暴法能否有效实施的关键。从程序来说，组织头脑风暴法关键在于以下几个环节：

（1）准备阶段

①聚集小组成员，一般以 8~12 人最为合适，也可略有增减，可在 5~15 人之间。参与的人数如果太少不利于思维的发散和信息交流，而人数太多又不好控制流程，并且每个人发言的次数就会对应地减少，也会影响到大家的参与感。人员选择的原则：专业背景构成合理，多数应为设计专业和有经验的内行，少数为来自其他各专业的“外行”；成员之间的知识水平和职位悬殊不应太大；成员之间年龄相差不宜过大；优先选择平时相互关系融洽者；与会者应有适当的表达能力并且要对讨论的问题感兴趣。

②明确分工。首先要选取一名主持人，1~2 名记录员与秘书。主持人的工作是在头脑风暴会议开始时申明讨论的主题和纪律，在头脑风暴中引导和把握会议进程，如：安排会议进展，总结某些发言的核心思想，提出自己的设想，冷场时活跃会场气氛，或者让大家安静下来认真思考片刻再组织下一个发言高潮等。记录员的工作是将与会者的所有假想都及时编号，简要记录下来，最好是写在会议录或笔记本等的醒目地方，让与会者都能够看仔细。记录员也应参与提出自己的设想，不能消极地持旁观态度。

③提前下达会议通知。为了使头脑风暴会议效率高，可以在会前先做一些准备工作。比如：收集一些资料预先给参与者作为借鉴，方便参与者迅速了解与议题相关的背景和外界动态。就参与这个会议的人员来说，在会议开始前，对要解决的问题有一定的了解是必要的。

（2）热身阶段

在智力激励会议的初始阶段，人们的注意力还不集中，所以需要一个热身的过程。一些参与者通过直接参与或间接参与会议的体力活动、智力游戏和情感方面的引导与暗示，会使头脑进入思维活跃的状态。

（3）畅谈阶段

参与者通过热身活动后，会由主持人介绍主要讨论的问题，使与会者对即将要讨论的问题有个大概的认识，主持人介绍问题时须注意以下两点：言谈简明扼要和注重启发性，然后与会者开始畅所欲言。在畅谈阶段，要关注以下几点：不允许私下交谈，要始终围绕一个会议主题去讨论，避免分散注意力；设想的言语要简单明了，每次只讲述一个想法；所提的设想不论好坏都一并记录下来。

会议的时间由主持人掌握，一般来说以几十分钟为最佳时间，但也不能太限定时间。时间太短参与者难以畅所欲言，甚至还没进入状态；太长则容易产生疲倦感，影响会议效果。经验表明，思维活动较强的联想一般在会议开始 10~15 分钟后逐渐产生。美国创造学家帕内斯 (Parnes) 指出，会议时间最好安排在 30~45 分钟之间。如果确实需要延长讨论时间，可以把议题分解成几个小问题再分别进行专题讨论。

（4）评价与筛选方案

在评价与筛选方案时需要完成的主要任务包括增加设想、评价筛选、形成最佳方案。在评价筛选时，首先要确定评价的标准，然后将设想分为三类：明显可行的；明显不可行的（舍弃）；经过讨论才能决定取舍的。最后依照评价标准选出 3~6 种较好的方案，进一步完善。

头脑风暴的优缺点：

（1）头脑风暴法的优点

①容易操作执行，具有较强的实用性。

②实实在在地体现了集思广益的精髓，展示了团队合作的智慧。

③每个人的思维都能得到最大限度的开拓，能有效发散思路、激发灵感。

④在最短的时间内能产生很多灵感，会有很多意想不到的收获。

⑤可以培养思路开阔、有创造力的人才。

⑥头脑越用越好用，可以有效锻炼一个人及团队的创造力。

⑦使参与者更加自信，因为他会发现自己的创意如此有用。

⑧创造良好的平台，提供了一个能激发灵感、开阔思路的环境。

⑨具有良好的交流氛围，有利于增加团队的凝聚力，增强团队精神。

⑩可以提高工作效率，能够更快更高效地解决问题。

（2）头脑风暴法的缺点

①由于头脑风暴法参与人数比其他方法多，教育背景很杂，一旦意见不能统一时经常会以少数服从多数解决。可能大多数参与者是非设计专业人才，往往会出现多数人的意见是不正确的现象。

②在设计过程中运用头脑风暴法容易扰乱设计者和规划者的思路，并且有些时候在会议中作出的一些决定可能不是经过深思熟虑的，头脑风暴也容易造成头脑发热。

③头脑风暴法对于一些具有机密性和高技术含量及专业性的问题不建议使用。

2. 三菱式智力激励法

三菱式智力激励法由奥斯本智力激励法改善得来，虽然这种方法能在短时间内产生很多的设想，但它全程都禁止对设想做出评价，这样很难进行归纳总结，日本三菱树脂公司对此进行了改善，创造出一种新的智力激励法——MBS 法，又称三菱式智力激励法。

MBS 法延伸自头脑风暴法。活动开始时，首先要求参与者预先将与问题有关的设想分别写在纸上，然后轮流提出自己的设想，接受提问或批判，接着以图解的方式进行概括，再进入最后的讨论阶段。

三菱式智力激励法实施步骤：

（1）主持人提示主题。

（2）参会者将构想记录在笔记本上（10 分钟左右）。

（3）参会者提出自己的想法——每人限制在 1~5 个内。主持人把每个人的想法记录在纸上。其他人在听了同伴提出的设想后，受到启发而设想到的内容也可记下来。

（4）尽量提出全部构想，不保留。

（5）由设想人对自己的想法进行详细说明。

（6）相互质询，进一步修订提案。

（7）主持人用图解方式进行归纳。

（8）全体出席者进行讨论。

三菱式智力激励法注意事项：

（1）三菱式智力激励法的参与成员以 10~15 人为宜。

（2）一次活动时间大概是 3~4 个小时，故负责归纳整理的人员相当重要。

3. 卡片式智力激励法

卡片式智力激励法也称卡片法。这种技法可以分为 CBS 法和 NBS 法两种，CBS 法是由日本创造开发研究所所长高桥诚根据奥氏智力激励法完善而成，特点是对每个人提出的设想都可以进行质疑和评价。NBS 法是日本广播电台开发的一种智力激励法。

4. 默写式智力激励法

这是无参照扩散法的一种形式，由联邦德国创造学家荷立研究得出，其主要特点是运用书面畅述的方式来激发智力。

具体操作流程是：每次会议要求 6 人左右参与，每人用书面方式写下 3 个设想，要求在 5 分钟之内完成，所以又称“635”法。会议开始会由主持人宣布议题，并对参会者提出的疑问进行解释。接着每人分发 3 张卡片，第一轮时间为 5 分钟之内，每个人针对议题在卡片上填写 3 个设想，然后将卡片传递给右手边的参与者。第二个 5 分钟，参与者从别人的 3 个设想中得到新的启发，再在卡片上填写 3 个新的设想，然后将设想的卡片再次递给右邻的参与者。以此类推，半小时内一共可以传递 6 次，可产生 108 个想法。“635”法可避免很多人争相发言而使现场混乱、想法灵活度不高的弊端，其不足之处是相互激励的气氛没有公开发言方式强。

5. 设问类法则

设问类技法主要是围绕着现有事物，通过书面或口头提问而引起人们的创造欲望、捕捉良好的创新理念技法。提出问题对于发现问题和解决问题极其重要，创造能力高的人都善于发现问题和解决问题，往往提出一个好问题就代表着问题解决了一半。探讨的问题就是抛开系统提问，通过扩充思路来打破传统思维的束缚。它是促使人们发现问题和寻求解决问题途径的关键，也是提高人们创造能力的主要技法之一。

爱因斯坦曾说：“提出一个问题往往比解决一个问题更重要，因为解决问题也许仅是一个数学上或实验上的技能而已，而提出新的问题、新的可能性，从新的角度去看旧的问题，却需要有创造性的想象力。”

巴尔扎克也说过：“打开一切科学的钥匙都毫无疑问的是问号，我们大部分的伟大发现都应该归功于‘为什么’。而生活的伟大智慧，大概就在于逢事都问个为什么。”由此可见“问题”正是创意的发源和起点，是刺激想法的引燃线。所以我们首先要学会如何提出问题。检验证明，能发现问题并提出问题就等于成功了一半，巧妙的设问对于创新思维是十分重要的。

设问类的技法事实上就是提供了一张提问的卷子，问题触及的范围相当全面，提问中使用“假如……”“如果……”“是否……”“还有……”这样一些词语，能够启发思维、促进想象，使人很快进入设想状态，通过各种假想式的变换、探索寻找解决问题的途径。设问法是现代社会中经常使用到的一种推陈出新的创造技法，其特点是灵活易学，可以根据需求的不同来更换设问的方式。因此我们应在学习和生活中运用设问，在设问中找到发明创作的灵感。

设问法的操作程序：

（1）选定一个要改进的产品或方案。

（2）面对一个需要改进的产品或方案，从以下角度提出一些问题，并由此激发设计思路。

①可以将该产品的方案原理、结构、材料、成分、思路等用于别的地方吗？本产品或方案是否可以用于其他领域，或者经过变化后再用于其他领域或其他作用？

用于拓展用途的案例有很多，比如说橡胶，历史上橡胶长期以来只被用于加工成橡皮擦和制作皮球等玩具。随着种植技术的发展，人们发现橡胶有很好的弹性、绝缘性、强伸性和较好的防水性，于是被作为工业原料大量用于制造业，用做油漆、肥皂、飞机、汽车轮胎和制作家具、纸浆、纤维板、胶合板等地方。橡胶的新用途还有制作床垫、皮筏、雨衣、玩具、铺人行道、绝缘层等，运用范围十分广泛。

②能否从其他领域、产品、方案中引入新的元素、材料、造型、原理、工艺和思路，来改进现有的方案或产品？

③可以改变该物品的名词、动词、形容词属性和特征，来实现改进吗？

在结构变化方面：例如冰箱结构从单门到多门；开门形式有对开门、三门、四门等。

在颜色变化方面：例如汽车车型的色彩变化会使汽车的魅力增大，从而影响汽车的销售量；彩色手机的出现使手机更能满足人们的多元化和个性化需求。

在形状、式样变化方面：对消费者而言，这是最直接、直观的改变，例如甲壳虫汽车。(图 2-6)

在声音的变换方面：比如在有些产品上添加放音装置，也能起到提高产品销量的效果。

图 2-6

④能否增加一些元素，例如新的材料、色彩，又或者使现有元素的数值增加？比如在牙膏中加入某种药物就可以制成防酸、脱敏、止血、抗龋齿等保健牙膏，可以使牙膏具有药用价值。人们还改进了电灯的光线波长，发明了紫外线灯、红外线灯、碘钨灯、霓虹灯。

⑤是否可以通过缩小某一要素的数值，比如长度、体积、大小、容量等数值，又或者减少一部分要素

来实现改进？

⑥是否可以用别的东西替换现有的产品、方案或某一部分要素？例如材料的替换：以塑代木、以铝代铜、以光纤代替电缆等，现在常用陶瓷代替金属。

⑦是否能在程序、结构、方向、上下、左右等方面逆反，用来实现更好的效果？一种是里外逆反，例如皮革里外颠倒过来，成为翻毛制品；还有一种是上下逆反，例如：火箭是向空中发射的，但是人们如果想要了解地底下的情况，将火箭改为向地下发射就发明了一种探地火箭。又比如以前的电冰箱都是上冷冻下冷藏，即冰冻室在上，冷藏室在下；现在的冰箱普遍上下逆反，即冷藏室在上，冷冻室在下。

⑧是否可以把现有的方案与其他产品方案结合起来，最后形成新思路？

人们时常会把某种新的科学技术与设计方法结合起来，比如发现超声波技术之后，就创造了超声波研磨法、超声波焊接法、超声波切割法、超声波理疗法、超声波洗涤法等。产品之间的结合更是数不胜数，如把电动机同各种机械、工具组合，把计算机与机械组合成一种自动机械，把收音机和录音机组合成收录机等。现在，把家具进行组合也是家具设计的一个热点。

⑨其他任何提问：可以扩展吗？可以改变功能吗？可以放弃或舍去吗？可以涂改吗？

6. 列举类法则

列举类技法是一种针对某一具体事物的特定内容（如特点、优缺点、属性等）进行分析，并将其全面地排列出来，用以激发创新设想，最后找到发明创新主题的创新技法。列举类技法从本质上讲是一种分析法，它是把一个整体分解成若干部分，把复杂的事物分解成简单的因素，再加入研究的思维模式。列举类技法对于创新设计非常实用，它可以帮助人们克服感知迟钝的障碍，促使人们深入事物的各个方面进行思考，从而产生丰富的创新想法。

建立在列举法基础上的常用创新技法有属性列举法、希望点列举法、缺点列举法、信息列举法和成对列举法等多种技法。希望点列举法和成对列举法常用于开发新产品上，而缺点列举法、属性列举法、信息列举法等则常用来进行老产品的改造。

运用属性列举法的一般步骤：

①首先将改善对象的特点和属性全部罗列出来。例如把一个产品分解成若干个零件，每个零件功能如何、特性怎样、与整体的关系如何都一一列举出来，形成一览表。假如对象太过复杂，则应该先将对象进行分解，再选一个目标较为明确的发明或课题，来逐个突破。

②从三个主要方面进行特征列举。a. 名词特征：指采用名词来表达的特征，如事物的全体、部分、材料、制造方法等。b. 形容词的特征：指用形容词来表达产品的特征。主要指产品的性质，如：颜色、形状、大小等。c. 动词特征：指采用动词来表达事物的特征，主要用来指事物的功能特征，包括在使用时涉及的所有动作。

③在各项目下使用可替代的各种属性加以变换，引出具有独创性的方案。进行这一步的关键是要力求详尽地分析每一特性，提出问题，找到缺陷，再试着从材料、结构、功能等方面加以改进。在运用属性列举法时，对事物的特性分析得越详细越好，并且尽量从各个角度提出问题，以便得到更多的启示。

④提出方案并对该方案进行论证，使方案能够满足于人们的需求和目的。

缺点列举法：

这里所说的缺点是指设计原理不合理、材料使用不当、无实用性、缺乏安全性、坚固性差、易损坏、不美观、难操作、占地方、重量太大、价格昂贵等方面，也可以从现有的生产工艺、方法方式中发现缺点，或从成本、造价、销售、利润等方面寻找缺点，也可从管理方式上找出缺点。

把缺点克服了就意味着向前进了一大步，意味着产品的更新换代。缺点列举法是利用发散思维来发现和挖掘事物的缺点，并把这些缺点一一罗列出来，然后统一分析这些缺点，期待从中选取有待解决、容易解决、最具实际意义或最有经济价值的内容作为创新来进行产品的改善。每挖掘出一个缺点，提出一个问题，就发现了创新发明的主题。

（1）缺点列举法的原理

“金无足赤，人无完人”这句话说明世界上所有事物与人都不存在十全十美的，总存在这样或那样的缺点。如果有意识地罗列分析现有事物的缺点，并总结出改进方案，这就叫创新行为。此种方法简单可行，主要是针对原有事物的缺陷来加以完善，通常情况下不改变原有事物的本质与主要特征。这是一种被动型的创新方法，它可以运用在对旧产品的改进上，也可针对不成熟的新设想、新产品进行完善，另外还可作用于企业的经营管理等方面。

(2) 缺点列举法的操作程序

利用缺点列举法进行创新，一般要经过以下几个步骤：

①拥有良好的心理准备。缺点列举法的主要特点就是善于发现事物的缺点，找出事物的病根。尽管任何事物都有缺点，但并不是所有的人都会挑缺点。使用缺点列举法的时候，首先要怀有一种不满心理和完美主义精神。

②列举缺点的方法包含有：

a. 用户调查法（用户至上原则）。企业完善产品时，可以把缺点列举法同用户的建议结合起来，通过销售、售后服务、用户反馈等渠道广泛征集，因为消费者所提的建议有时是生产销售和设计人员所没有想到的。缺点列举法的关键是要把事物的缺点罗列全面，因此，应该尽可能广泛地征集意见。对产品而言，一个简单的办法就是以适当的形式征求广大用户的意见。

b. 对照比较法。俗言道：“不怕不识货，就怕货比货”，“尺有所短、寸有所长”。将需要改进的产品与它同类的产品汇集起来，从中找出两者的不足，甚至对世界名牌产品也要求苛刻，从中发现能够改进的地方。利用这种方法开发新产品起点高、跨度大，较为容易成果。对于已经成型的产品，可以将同类型的多种产品在功能、特性、质量、价格、外观等方面进行全面比较，找到相互之间的差距，从而列举出自身的缺点，设计出超过同类型产品的新产品。对于还处在开发设想阶段的产品，要注意与国内外先进技术相对比，发现设计中的缺点并及时改进，以确保该产品的技术处于世界先进水平。

c. 会议法。主要是启发我们找出分析对象的不足之处。会议一般会有 5~10 个与会者，会议开始之前就要明确会议的主题，在会上推动与会者围绕这一主题尽可能多地列举各种缺点，另外单独有一名参与者将提出的缺点逐一编号，记录在一小卡片上。另外，会议讨论的主题宜小不宜大，如果主题过大，则须将主题分成若干小主题，分层次解决，这样原有缺点就不会被遗漏。

③分析、整理缺点，确定创新目标，运用缺点列举法收集到的缺点可能五花八门，并不是所有的缺点都需要改进。要分析与鉴别这个事物的主要缺点，通常可以从影响程度和表现方式两个方面切入。不同的缺点对事物特性或功能的影响程度不同，在缺点的表现方面，既要注意那些表面的缺点，更要注意那些内在的缺点。在某些情况下，发现内在缺点比发现表面缺点更有创新价值。

④针对内在缺点进行改进设计或进行逆向思维。在确定了必须要克服的缺点之后，接下来就要进行创

造性的思考，并通过优化设计获得较完善的解决方案，进而设计出更合理的产品。值得一提的是逆向思维与缺点列举法的关系，发挥逆向思维，是指在对象中已经罗列出了缺点且不采取改进措施，反而从对立面考虑如何利用这些缺点，达到“废物利用”的一种创新技法。

课题训练

1.5~15 人为一组，运用头脑风暴法展开对现有产品的改良讨论。

2. 列举 3 个周围产品的缺点，一一罗列出来。

本章思考与练习

1. 形象思维与抽象思维的区别和联系。
2. 设计思维常用的基本类型有哪些。
3. 结合列举法尝试分析某产品的创新设计方案。

3 第三章　功能设计思想及方法

学习要点及目标

1. 了解产品功能的重要性及意义
2. 了解功能的价值
3. 从案例中学习设计功能

核心概念

功能是一个过程，它是产品内在能力的外在表现形式，其功能形式是由内部结构所决定的。一个产品只有具备其他产品不具备的功能才有生产销售的价值。产品可以说是功能的一个载体，功能的实现是产品设计的终极目标，而功能的承载者是产品的实体结构。

任何一种产品都带有或多或少的功能属性，功能是一个产品具有使用价值的基础。用户对产品的需求增多实际上是对功能的需求增多。因此，在产品设计过程中，产品的功能开发和设计是设计师首先要考虑的，也是产品设计的核心。

第一节　功能定义

功能是维系产品与使用者之间关系的最基本桥梁，人们在产品中得到满足是由功能所决定的。《辞海》中对“功能”一词的解释为：一是事功和能力；二是功效、作用。

功能设计的步骤包括四部分：即市场调查、设计研究与产品规划、功能组合设计、功能匹配和成本规划。

功能设计的大致流程：

（1）设计调查与需求识别

一般来说，公司以往的设计中都会积累一些前期的基础资料，如：同类产品市场细分调研资料；本公司该产品市场定位调研资料；竞争情报（生产企业情报、产品情报、出版物情报、研究机构和专家、行业协会）；专利资料等。

设计调查指的是最近的调查资料，即同类产品的市场划分、产品满意度市场调查，包括问卷调查、重点用户调查、市场观察、产品调查和可用性测试，其目的是选取满意度的关键因素和功能组合与匹配，测试当前各品牌的产品满意度水平，对存在的问题进行比较分析和建议。

（2）课题形成

通过市场调查从而发现问题和发现需求，就可以产生最早的产品设想 (idea) 或课题 (topics)，或改进

产品设计的思路 (approach)，这就是产品开发定位规划。通常情况下是原则性地指出开发的方向和可能性的方向，也可以挖掘初期的产品创意，或是从用户定位入手，这些都是功能设计的信息来源和启发。

（3）概念产生

概念是指最初的整体性、原则性、创新性和导向性的产品功能和载体描述。概念并不涉及细节，如果从一开始就从细节入手的话，就会失去产品的整体规划，因为没有把最重要的特征考虑进去，就不可能找到好的、完整的方案。

在开发过程的初期，产品开发小组要通过用户调查来识别一组顾客的需要和概念，通过各种方法调查，开发团队产生了与这些需求相对应的概念，来选择、优化和发展用户概念。设计开发的很多阶段从没有限制思想和有分歧的意见中受到许多启发，因此概念的形成是一个发散性思维的过程。

尽管开发过程的很多阶段从没有限制思想和有分歧的意见中获益，但接下来的概念选择过程却必须要缩小可以考虑的概念范围。概念选择是一个经常反复并且最终收敛性的过程，概念组合、优化暂时增加供考虑的概念个数，经过几个回合的反复，最后选择一个占主导地位的概念。

产品功能是来解决消费者问题的，是依照产品的功能层次进行分类，可分为基本功能、扩展功能、增值功能三种。

基本功能：构成一个产品的基本要素，如果缺少这个要素，那么该产品就会没有任何实用价值存在。一个设计对象可以有一个基本功能，也可以同时拥有数个基本功能。例如万能铣床，既能进行卧铣，又能进行立铣或其他铣削加工。如空调的功能是：夏天用于制冷、冬天用于制热。

扩展功能：扩展功能是从基本功能中衍生出来的，其本身不具备独立性，是提高基本功能的可用性的一种功能。对于设计对象来说，基本功能是不变的，但扩展功能可以被设计者扩大或删减。所以，添加必要的扩展功能能够帮助基本功能更完善地实现，同时，将不必要的扩展功能删除也是优化产品的一种体现。

增值功能：是依附于产品整体的一种功能，其功能具备独立性，可以不附着于基本功能就能实现自身价值，并且能相应地提高产品的总体价值。

简单来说，基本功能就是普遍都拥有的功能，扩展功能是多数人没有的功能，增值功能是只有自己有的功能，所表现的是“人无我有，人有我优”的产品竞争策略。

例如一款视频播放软件，这里称为产品 H：

H 的基本功能有：播放 / 暂停；停止；上一曲；下一曲；快进；快退；能支持的视频格式常见的有：mpeg1/2/4；rm；wmv，这些功能往往所有的播放软件都会具备，若是单从这个层面上的功能来看，H 产品毫无卖点而言。

H 的扩展功能有：换主题；皮肤编辑器；字幕调整；输入 / 出到电视；一机多用的产品销售模式添加了少许附加值功能，对于部分有这些喜好的消费者来讲，扩展的功能就足以吸引他们的眼球。

H 的增值功能有：视频格式的转换；界面合并 / 分割；视频（图像）的抓取；信息的整合。增值功能中的任意一个功能都可以独立成一个新产品的卖点功能，但是如果把这些增值功能都融合到一个产品中，作为播放软件的新功能提供给用户，其价格也不会有太大的增幅，这点就很吸引用户的注意。并且，在市场竞争中足够提炼出有价值的卖点出来。

按功能的性质分类，可以把功能分为物质功能和精神功能。

物质功能是指产品的实际使用功能，包括材质以及产品的适用性、可靠性、安全性和维修性等客观性功能。精神功能则是指产品的外形给人的审美感和产品的物质功能本身所表现出的审美反馈。此外，精神功能还具有情感化设计的特征。

以用户的需求分类，可以把功能分为必要功能和不必要功能。必要功能是消费者使用的实用性功能，这种功能必须满足消费者的硬性需求并得到消费者普遍认可的功能。不必要功能是产品功能中部分不是消费者真正需要的功能，是一种可有可无的状态。例如：随身听的功能是音乐播放功能，这是必要功能，日历和天气预报则是不必要功能。但有时会受到资金、人力、工艺等的限制，或设计任务紧急而没有进行必要的计算和分析，这时为了保险起见，选择超过必要限度的设计规范，增加了产品的安全成本，同时也增加了产品的生产制造成本，这些超过限度的功能就成了不必要功能。

按功能实现的方式分类，可以把功能划分为硬性功能和软性功能。硬性功能是指有真实存在的实体功能。软性功能是一种没有固定形态的软件功能，软性功能的存在方式不是直观的实物，而是虚化的、数据化的预先设定。例如手机 APP 等。

按功能的主次顺序分类可分为主要功能和次要功能。主要功能是指满足消费者的主要需求的功能，发挥产品效果所必不可少的功能，它是产品存在的前提条件，也是一款产品最核心、最有价值、能够商品化的根本保证。

产品的主要功能是对产品进行分析、研究的主要内容和基础。如果一款产品失去了它的主要功能，那么这个产品也就失去了存在的价值。

次要功能是为了更好地实现主要功能而附加的功能，它的最大作用是辅助性，是实现产品主要功能的推动手段。

主要功能的判别：

①它是否是这个产品的主要价值体现？

②该产品的主打功能是否是这项功能？它在整个产品的功能系统中所占的比重是多少？

③其他功能是否围绕这个功能的实现而展开？

④在产品功能的实现过程中，这个功能是否是必不可少的？

⑤如果这项功能有所变化，该产品的制造、生产工艺和构成要素是否全部都要改变？

次要功能的判别：

①与主要功能相比，它是不是没有那么重要？

②在产品整个的功能系统中，该功能是不是可有可无？

③它对主要功能是否起到辅助和补充的作用？

④它会不会影响产品主要价值的实现？

多余功能的判别：

①在产品的整个功能系统中，该功能是不是最不重要？

②在产品的整个功能系统中，该功能是不是必须存在的？

③该功能是否不会经常被用到，闲置率达 80% 以上？

④它是否会造成产品生产成本的增多，但功能提升不大？

⑤它是否会造成产品功能的复杂，导致造产品的主要功能弱化？

产品功能与结构之间的关系：

产品的结构系统和功能系统共同存在于产品之中，设计师在设计的过程中一定要协调好两者的基本关系，即在产品的开发设计中要将功能融入产品的结构和外观之中，并且能够有效地体现出来；让消费者一眼就能从产品的结构和外观中清楚该产品的功能，意会该产品的使用方法，将产品的功能和结构看为有机的整体，发扬产品的内在美和外在美，全面提升产品的质量。

总之，功能对一个产品来说至关重要，犹如水与鱼的关系。设计师设计产品如同销售人员推销商品，认真推敲好产品的功能和定位就相当于成功了一半。因为，在产品系统的诸多要素当中，功能要素是最重要的，它决定着整个产品和产品系统的意义。

第二节　功能价值分析与定位

一、功能价值

产品为人们的生活和工作提供可靠的物质基础，产品存在的意义是为人类提供更为合理的使用方式，但产品最终要投放到市场上，通过消费者的购买手段和使用，才能实现产品本身的作用。

产品功能分析是价值工程活动的关键环节，其目的是弄清楚产品的必要功能，了解产品各个功能之间的关联，使产品功能结构更加合理化。明确功能要求并进行产品的功能分析。首要任务是对产品所具备的功能和功能水平有明确的要求。对产品功能的要求有：一是用户方面的要求，如用户对产品的使用目的和使用环境的要求；二是社会环境方面的要求，如国家的政策、法规以及社会经济、文化等方面的要求；三是企业自身方面的要求，如企业的经营目标与方针，自身的技术条件、生产条件等的要求。

价值分析不单只研究产品的性能，还研究如何提高产品的价值，它通过功能属性与生产成本的合理化设计出价值高的产品，并提高企业的技术和经济效益。对于消费者来说，任何人都希望自己购买到的商品质量好、价格低廉，功能多样。

产品的外观、功能、价格都是顾客购买所考虑的问题。产品外观的时尚、功能的多样、操作的便利、价格合理等都是吸引消费者购买的条件。产品的价格和价值是相互对应的，价值的判断是从功能技术和经济角度来研究，并通过产品功能与费用来研究提高价值的途径。

功能进行价值分析可以推动产品的改进，使企业和设计人员更加重视产品的功能设计。随着人们对市场的认知能力的提高和自我意识的增强，“不怎么好看”“不怎么实用”的产品销售越来越差，人们更喜欢购买形式与技术完美结合的产品。当形式和技术两者在一款产品上表现得不协调时，那么这个产品就需要进行价值分析并改进，从而使产品能更适应人们的心理需求。而“形式”指的是能够将情感、人机工程、美学结合起来的感觉因素。“技术”指的则是采用先进的技术或加工质量很高的传统工艺，使产品赋予完善的功能，并持有良好的技术能力。核心功能可以是机械的、电力的、工程的、化学的、数字的或者所有这些组合形式。

产品的功能价值分析对于产品的使用者和生产者来说都是十分重要的，使用者是否愿意购买这个产品直接关系到产品生产者的收益，企业的成败就在于使用者的购买与市场的需求之中。因此，企业在设计过程中就要考虑到产品的功能价值。价值分析和产品设计都是以使用者为第一位的，只有满足使用者的使用需求和价值取向，产品才可能被购买到消费者手中，企业所生产的产品才能盈利，才会赢得市场。功能价值分析是从技术和经济等角度来研究，通过研究产品功能与成本费用来提高产品的价值，使顾客愿意购买。价值分析的成果是通过产品设计来实现的，而产品设计的本身就可以提高产品的功能价值。

产品功能价值具有战略性意义，是企业参与市场竞争的有力工具。产品的功能价值是在设计阶段决定的，由此可见，产品的功能价值分析对产品设计来说从一开始就是重要的存在。价值分析能更好地了解产品的功能，提高或保证功能的实用程度，而提高产品的实用功能正是顾客购买产品的真正目的。价值分析还可以研究产品的生产成本，可以在成本费用的控制下实现产品的功能属性或降低产品的成本，这也是顾客和企业共同的愿望。产品设计主要考虑产品的总体面貌、整体结构、使用方式，而价值分析的方法为产品设计师提供了一个既掌控全局又研究产品功能和费用，从而提高产品总体价值的方法。所以，产品价值分析方法是产品开发中的不可缺少的分析手段。

二、产品功能的使用价值

产品的使用功能就是产品所拥有的最直接的物理和生理作用的功能。使用功能包括与技术、经济直接关联的设计对象的适用性、可靠性、安全性和维修性等功能。

例如一把椅子的功能（图 3-1）：

①其椅面的功能包括宽度、深度、夹角、软垫等设计，这些功能用以支撑身体的重量，避免臀部、腿部受力不均，节省体能消耗。

②椅背的功能用以支持脊柱并放松背部肌肉，减少疲劳，扶手处用以支撑手臂，保持良好坐姿。

③椅子腿的功能用以连接和支撑椅面、扶手、椅背。

图 3-1

三、产品功能的美学价值

美学功能也可称为精神功能或心理功能，是建立在使用功能基础上的对产品起美化、装饰作用的一种功能，一般是指产品的外形特征及产品的物质功能本身所表达出的审美效果。

产品的美学功能主要通过调节形态的视觉感受、视觉张力的平衡、比例关系的处理、色彩的搭配来实现。随着物质和精神生活的富有，人们对产品的美学功能需求也越来越多。

工业设计使产品通过形态、构造、比例、尺度、色彩、材质、肌理、表面加工等手段来满足消费者的美学需求，维持消费者的心理健康。工业设计师的主要工作之一是满足人们想要赋予产品以美学功能的心理。

四、产品功能定位

产品的功能定位即指在市场选择和定位的基础上，根据潜在用户的需求特征，结合企业产品的特点，对将要提供的产品应具备的基本功能和辅助功能做出具体规定的过程。功能定位需确定该产品在哪些方面优于其他同类型产品，又在多大的程度上造成了这种差异性。选择差异的类别要经过认真分析，有些产品可能在价格上形成差异，有些可能在功能上造成差异，此外还可以从造型形态、色彩、工艺、包装、质感、风格、尺度等多方面入手，以及安全性、可靠性、维护性、技术水平、规格、性能、质量等功能技术要求上建立具体可行的差异性。差异可以是单方面的，也可以是多方面的，要视需求和能力而定。

产品功能定位的目的是给市场提供合适的、有良好性价比的产品。在进行定位的过程中，要明确哪些因素是必要性因素，例如：

（1）功能的提高要符合国家价格政策

提高功能往往代表着质量和生产成本的提高，根据“按质论价”的方法，对于高品质的产品其价格通常会高于同类相关产品。如若企业具有一定的技术实力并且适应于产品质量，这样提高质量所导致的增加费用可以通过价格得到补偿，即应该尽量把功能标准定高，使其符合国家价格政策。

（2）功能标准制定要符合国家节能政策

如果产品功能标准制定过高，在一定的工业技术条件下，单位产品能源消耗也会相应提高。如若增加的产品功能不是用户所必需的，不能增加产品功能的性能，就会造成社会财富的浪费，不符合国家的节能政策。

产品功能的定位，如果没有各方面条件的束缚，当然是越高越好；但实际情况却相反，下列诸多因素也应在考虑范围内。

（1）用户的经济条件与支付能力。由于每个人的经济条件有差异，当人们在购买某种产品时，部分人会对其支出费用的多少与获得功能的高低进行权衡比较，尽可能地使支出得当，获得的功能多样。

（2）企业的生产技术和管理水平。在完善调查用户需求状况以后，能否生产出高功能标准的产品，还取决于企业的产品设计、研制能力、加工制造和质量保证能力以及与产品生产制造有关的科研成果、技术发明、新材料、新工艺、新技术应用的可能性。企业的质量管理、技术管理、生产管理对产品功能也有很大影响。

（3）产品的定位是单一功能还是多功能。如果定位于单一功能则造价成本低，但却不能满足消费者多功能的需求；定位于多功能则成本相应地提高，但能满足消费者功能多样性的需求。多功能产品在现有市场上销售持续上升，如果单一功能在定位上制定准确也能畅销市场。

产品功能定位步骤：

（1）选拔创建一个产品功能制定工作参与小组。在产品功能制定小组的组织方面，关键是处理好人员的结构问题。不仅要有参加调研的工作人员、生产技术人员参与，还必须吸收一些有代表性的用户、单位参与产品功能的制定与修改工作，期间要尽量不受职位、权威的约束。

（2）广泛调查研究，收集各方面信息。一个产品功能的制定所触及的信息面广、工作量大，是一项很繁杂的技术经济工作，只有掌握了比较全面的信息资料，才能让功能标准的制定具有科学依据。

（3）在市场细分的基础上进行功能的初步设计。功能设计实际上是市场细分理论的深化，以产品的附加功能细分。功能设计依据消费者的潜在需求为目的，来设计产品的功能，通过功能成本的分析，由专业技术人员设计产品模型、工厂安排生产、开展针对性的营销，将产品推送到目标人群手中。功能设计不仅要打破传统思维限制，将关注点集中在当前和未知领域的产品功能上，还要将功能转移的方向和速度考虑清楚。当功能产品推向市场后，设计师同企业就要做好研制后续功能产品的准备，因为任何一个功能都迟早会被基本功能或者新功能所取代，所以企业应该主动打破行业中已有的功能优势，不断发掘和创造新的功能。

（4）在实施过程中完善原有功能设计并进行功能定位。将制定的初步功能标准或条例实施，在实施过程中做好信息反馈工作，收集生产企业与用户的建议，不断调整和完善功能，最后制定有约束效力的技术法规，作为企业生产活动、用户在使用过程中进行对照的依据。

例如：佳能数码相机（图 3-2）IXUS 系列功能定位考察。

（1）产品定位

佳能 IXUS 系列定位为时尚、简便型，俗称卡片机。外观十分小巧，操作只有少量的手动功能。这款产品的特点为轻薄、精巧、美观，深受女性消费者喜爱。

图 3-2

（2）基本功能定位

①佳能 IXUS 210 是佳能首次采用高分辨率达 46.1 万点的 3.5" 宽屏（16 ∶ 9）数码相机，并且采用全触屏的功能形式。

②新采用光学变焦 5 倍，镜头焦距相当于 35mm 照相机的 24~120mm，对焦为智能面部优先。

③快门速度 15~1/3000 秒，速度是其他 IXUS 的一倍左右，大部分都是只有 1/1500s。

④拍摄模式有自动模式、P 程序、人像、夜景拍摄、儿童和宠物、室内、自动快门（笑脸，眨眼自拍，面部优先自拍）、低光照、色彩强调、色彩交换、鱼眼效果、微缩景观效果、创意灯光效果、海滩、植物、雪景、焰火、慢速快门、短片等。

外形色彩方面提供了樱花粉、沙滩银、丛林黑、棕金四种颜色，简单的触控界面让消费者更容易使用。不但具有“晶炫 II”的高性能，同时比以往的产品更清晰更轻薄，且抑制了 LCD 的反射光，大大提高了可视性。

第三节　产品功能设计案例分析

老子在《道德经》一书中提到：“埏埴以为器，当其无，有器之用。凿户牖以为室，当其无，有室之用。故有之以为利，无之以为用。”大意是讲糅合陶土做成器皿，有了器皿中空的地方，才会让器皿作用于劳动。开凿门窗建造房屋，有了门窗四壁内的空虚部分，才有房屋的作用。所以，“有”给人便利，“无”也发挥了它的作用。

从产品设计的角度来看，有些产品功能假如能具有良好的视觉审美、象征意义以及教育价值，对消费者的生活起到改善作用，对整个产品的基本功能起到重要作用，那么这些就是必需的功能，而不能单从物质、技术角度或旧有经验来判断一个功能的好坏。

案例一：直播 APP 产品功能设计方案分析

选用当下较为流行的映客和花椒直播软件进行分析。下面列举了这两个直播软件的完整功能（表 3-1），其中映客软件的功能特色是基于 LBS 来查看附近的人的直播秀，将主播与观众的关系转移为基于地理位置的陌生人社交上来；而花椒直播着重推“最新”直播栏目，抓住了新用户想获得曝光率和关注度的需求，通过推出“最新”直播的方式可以打开中长尾主播用户市场。花椒直播近年定位于媒体属性的流量平台，还引入了专业的 IP 内容资源，例如明星艺人、财经主播等形式，打造了独具特点的“频道”直播栏目，在内容属性上进一步得到优化。

首页导航分析。分别使用手机登录映客和花椒 APP 后的首个界面（图 3-3），首要呈现的内容都是“热门”

直播栏目，两者都有意将人气最旺、最受欢迎的直播内容推送给用户；导航栏区域的分布：映客APP导航栏分为关注、热门、附近、游戏四个直播栏目，比较有新意的是游戏这个栏目，把直播平台与当下流行的游戏结合起来，如王者荣耀，势必会吸引一大批忠实fans；花椒直播则分为热门、最新、小视频以及按省份地区和性别筛选的栏目，比较有特色的是小视频栏目，用户可以拍摄一些搞怪、可爱或者有创意的视频上传，对于上班族是最受欢迎的。

两个软件在功能设计上各有千秋，映客首个界面顶部信息导航比较集中，用户能聚焦于每个直播栏目

图 3-3

进行沉浸式消费；而花椒直播为用户提供了很多消费选项，“频道”栏目里更是提供专业性强的PGC直播内容。花椒直播强推的“最新”栏目，让新进主播有了被关注的机会，而映客以往的版本都保留了“最新”栏目，到3.0.10版本的时候由“附近”选项代替了“最新”栏目，2017年3月底推出了游戏直播平台。

表 3-1　映客、花椒软件功能比较表

功　能	映　客	花　椒
搜　索	√	√
关　注	√	√
热　门	√	√
附　近	★	×
频　道	×	√
筛　选	×	√
排行榜	√	√
私　信	√	√
分　享	√	√
点　歌	★	×
上传图片	×	√
拍摄或视频	×	√
发红包	×	★
动态视频贴图	×	★
礼　物	√	√
游　戏	√	×

注释：★特色功能；√支持功能；×不支持功能

花椒 APP 还将“关注”功能提升到战略层面，在顶层导航设计的第一个标题处，用户可以在“关注”栏里查看已经关注的好友的直播和视频回放，并且可以上传拍摄的小视频和照片，逐渐形成视频集图文社区，花椒用心也可谓良苦。娱乐性的直播软件如果只靠视频直播始终无法有效地建立起用户与主播之间的社交关系链，直播内容的生产门槛相比于图文内容要高些许，直播的内容又属于间歇性，因此将“关注”定义为用户与主播之间的集群社区有益于用户对该软件的依赖提升。而映客“关注”一栏的内容有推荐关注热门的直播以及回放，倾向于打造粉丝与偶像之间便捷的交流方式的入口。图 3-4 所示是两种产品的关注界面。

图 3-4

观众界面。当用户进入主播直播房间里时，花椒直播会在评论区以弹幕的形式弹出“某某用户来了”的字样，给新进来的用户和主播形成一种自己被关注的氛围；映客则是当有高等级的用户进入直播里时，才会以公屏弹幕的形式弹出“某某用户来了”的文字，巧妙地抓住了按等级体系下的用户心理预期。

另外，映客在用户滑动屏幕时，屏幕上会出现爱心浮动图案，左下角弹出“某某用户点亮了”的字样，及时给予用户和主播行为上互动的反馈。但在实际产品体验中，并没有加入引导用户点亮以及正式的说明，在用户认知上没有达到普遍性。这两款软件都引入了用户等级制度，送的礼物越多，等级也就越高，与主播沟通的概率也越大，从而大大刺激了用户消费。

在主播端的直播界面里，映客与花椒也有所不同。映客在主播直播间内添加了“点歌”功能，主播可以在歌单中选择自己喜爱的歌曲进行播放，营造了一种轻松而又活跃的直播气氛，避免间断性尴尬。

而花椒直播添加的是动态贴纸功能，各种激萌特效在极大程度上勾起了用户的新鲜、好奇心理，形式新颖好玩，广受年轻群体的喜爱。另外，花椒直播还增加了“发红包”功能，与微信、支付宝的红包模式类似，由主播发起多人红包供用户领取，进一步提高了用户使用该软件的黏度。

用户等级特权。直播平台还需要考虑的是用户等级体系的设计是否合理，体系需要考虑两个方面，即成长与特权。映客直播的等级成长与经验值挂钩，经验值需要通过观看直播、开直播、送 / 收礼物来获得；而花椒在等级成长的任务上增加了分享与互动；两者比较来看，花椒的设计更益于产品的曝光、主播与粉丝关系的维持与强化。

在等级特权上，映客有专属图标、排名靠前、独家认证、进房特效四个等级特权，花椒的等级特权包括：排名靠前、尊贵表情、升级飞屏、专属礼物、个性提示几种；两种差异化的等级特权都比较好地把握了不同等级用户所获得的不同心理预期。

在产品结构上，映客和花椒也有着不同的战略目标，促使两个直播类软件有了不一样的产品设计和逻辑。但从总体来讲，两个播放软件都没有太过复杂的架构，都是由浏览直播、开始直播、个人主页三大块组成。映客的操作较为简洁，逻辑清晰，一目了然；花椒操作比较细分，两个 APP 都相应地设置了举报按钮，让用户参与监控直播内容。

从交互与视觉上分析，映客在视觉色彩上整体偏淡绿色与白色为主，给人以小清新、干净简洁的视觉冲击；在内容呈现上采用两种布局形式：热门内容采用竖排列表布局，一个界面只显示一位主播，可以更清晰明了地展示单个直播信息，使单个主播的曝光效果更佳，但不便于用户获取更多的直播内容，所以在平台的精准推送与强大的搜索功能上有比较大的考验；附近直播选项采用横排方块的布局形式，可以方便用户浏览到的直播内容更多。

花椒直播的色彩采用黑灰白的基色风格，视觉感受上更偏向于稳重、老练。并且统一采用横排方块的界面交互，以展现更多的直播内容，为用户提供更多的选择。用户可以在观看直播时通过上下滑动的交互方式切换至下一个主播直播室，简单且操作良好的交互体验自然会得到用户的青睐。（图 3-5）

图 3-5

所以，直播产品的主要功能是搭建和稳定主播与观者之间的关系，以层级化、场景化的方式创造多元丰富的 IP 内容社区，避免同质化。每个 APP 侧重的功能不同，所推出的效果也就不同。

案例二：自行车功能分析

自行车的功能在于可推拉车把获得向前的驱动力，实现了健身与代步的完美结合。在骑行过程中，可以有效地锻炼腰部、腹部、腿部、胸部、手臂等肌肉。自行车的车架、轮胎、脚踏、刹车、链条等 25 个部件中，车架是自行车的骨架，它所承受的人和货物的重量最大。按照各部件的工作特点，大致功能可将其分为导向系统、驱动系统、制动系统：

（1）导向系统：由车把、前叉、前轴、前轮等部件组成。骑行者可以通过控制车把来改变行驶方向并保持车身平衡。

（2）驱动系统：由脚蹬、中轴、牙盘、曲柄、链条、飞轮、后轴、后轮等部件组成。人脚的蹬力是靠脚蹬通过曲柄，链轮、链条、飞轮、后轴等部件传动的，从而使自行车不断前进。

（3）制动系统：它由刹车元件组成，骑车人可以随时操控车闸，使行驶的自行车减速、停车，保证行车安全。

除此之外，为了安全和美观，以及从实用功能出发，还装配了车灯、支架、车铃等部件。自行车分类可以分为普通自行车、公路自行车、健身自行车、山地自行车、速降自行车、旅行自行车、踏板驱动自行车、折叠自行车等。

近年来折叠车的设计种类越来越多，图 3-6 所示这款多功能折叠自行车不仅可以通过折叠来减小空间占用，并且折叠后的功能与购物车相似，一举两得。车的结构部分由三组可转动的部件组成，分别是折叠后的推车把手和辅助小轮。这个方便的设计允许让你在购物时直接将自行车推进超市，不必担心你心爱的自行车被盗。

Gazelle Cabby（图 3-7）是 Gazelle 专为长途旅行或短程运送而设计的多功能自行车款，这是一款荷兰

图 3-6

老字号的自行车品牌，Gazelle Cabby 设计的车型不论是承载小孩、搭乘宠物或者运输货物都是非常不错的选择。

图 3-7

这种类型的实用车款在国外其实已经很常见了，在城市中经常会看见车子的前框中坐着一个小孩或者一只小宠物，在倡导绿色出行的今天，这种车款非常受人欢迎。Gazelle Cabby 在前置车筐中设置有舒适的座椅和双肩安全带，车座最多可容纳两个人，剩下的空间可以用来放置物品。另外这个多功能的前框还配有一把遮阳（雨）棚，方便外出活动。

Cabby 的车架由坚固的铁质管材构造，虽然和轻便搭不上关系，但是强度和耐用性绝对是一流的，Cabby 的载重量可达到 200 千克，车身配有隐藏式的内置变速系统，延续了品牌的复古特点，但是只提供一款灰色涂装款式，色彩单一。

课题训练

1. 寻找日常生活中的产品，并对其功能进行改善。
2. 试分析近年来风靡城市的租赁单车功能（两款以上对比，如 OFO、Mobike）。

本章思考与练习

1. 如何决策产品中待开发功能的优先级？
2. 有哪些功能是你希望加入产品中的？
3. 寻找一款产品，并明确定义它的功能。

4

第四章　形态构成及设计方法

学习要点及目标

1. 了解造型要素及造型美学
2. 在案例中学习如何造型
3. 提高形态设计及审美意识

核心概念

工业产品的造型设计是指对产品平面和立体的几何形状进行设计，产品的外观设计必须按照美学的原则来进行，要符合人们对于美的追求和依据人机工程学原理来对产品外观进行设计，以符合人们视觉的外在形象。影响产品外观的因素有很多，例如产品的加工工艺、构造、材料、形态、色彩、结构等因素都可以影响产品的外观，所以对产品进行外观造型设计时必须综合考虑以上要素。

第一节　造型原理

产品造型是工业设计行业对产品的开发活动的总称，主要是针对产品形态的外观设计、模型制作等设计活动的创作过程及结果，是偏实践性的一个用语。

一、造型的要素

自然界是有形的世界，是能被感知的世界，各种物质千姿百态地构成了我们现有的形形色色的世界。形态是事物最基本的存在方式，造型则是创造物体形象的手段和过程。

所谓产品造型就是创造产品整体形态。形态是指能被视觉、触觉所感知的一切客观现实存在的形体和形象的整个结构的各部特征和整体模样，这种形态称为现实形态。现实形态包括自然形态和人为形态。

产品整体的功能、结构、形态最终都要落实到造型要素上，就是要确定产品、部件、零件的具体形状、大小（比例、尺度）、质感、色彩。要从功能、性能、结构、形态、外观、人机、环境、安全、健康、时尚、鉴赏、市场、使用、维护等多个角度对造型要素加以系统的分析推敲、比较、落实。设计师的任务是使用基本形态去创造具有时代感和美感的产品形态。

现代产品观念——产品是为了满足人类的某种需求而设计生产的具有一定用途的物质产品和非物质形态的服务的总和。

产品应包含以下三方面内容:

（1）实物——生产出产品提供给消费者的效用和利益;

（2）形式——产品质量、品种、造型、规格、款式、商标、包装等;

（3）延伸——产品的附加条件，如维修、咨询、分期付款、交货方式等。

对批量生产的工业产品，赋予材料、结构、形态、色彩、表面加工及装饰以新的品质和资格。简单而言，产品造型设计的任务就是确定结构和外形—赋予其材质—选择产品色彩，最终生产出符合人们使用需求和操作功能，并同时满足形态、色彩、视觉和情感需求的产品。为了实现这样的目的，我们需要掌握美学法则、色彩设计、人机工程学等知识体系。

产品造型设计的三个基本要素：物质功能＋产品造型艺术＋物质技术条件。物质功能：产品的用途和使用价值，是产品存在的根本。物质功能对产品的结构和造型都起着决定性的作用。产品造型艺术：利用产品物质技术条件，对产品的物质功能进行特定的艺术表现。物质技术条件：是工业产品得以实现的物质基础，包括材料和制造技术手段。物质技术条件随着科学技术和工艺水平的发展而得到提高和完善。

产品造型设计的原则包括三个方面：实用、经济、美观。

“实用”：即产品的使用功能。具体包括：适当的功能范围、良好的工作性能、科学的使用功能。

“经济”：产品的生产成本低、价格便宜，有利于批量生产，有利于降低材料消耗、节约能源、提高效率，有利于产品的包装、运输、仓储、销售、维修等。

“美观”：即产品的外观造型要美，是产品的精神功能所在，包括形式美、结构美、工艺美、材质美以及产品的时代感或民族风格等。

二、造型的美学

美是事物的客观属性，是人们内在的直觉和感情。美的要素是能给人以美的感受的物质材料，如形状、线条、大小、色彩、肌理、材质等。美的法则是人类在创造美的过程中，以人的心理、生理需求为基础，经过长时间的探索而归纳总结并为人们所公认的基本规律。

产品的美包括结构美、材质美、工艺美、舒适美、规范美几个方面。

结构美。结构是实现产品功能要素的重要内部组织，是为产品的物质功能服务的。结构力学的发展使得产品结构越来越合理，设计出来的产品结构越来越轻盈、刚劲、简洁。

材质美。材质是一个产品的物质基础，不同的材质会带给产品不同的外观效果和体验。如钢坚硬沉重，铝轻快洁净，金高贵华丽，塑料柔顺轻盈，木材朴实自然等，都体现出各自的材料特性。

工艺美。任何产品都需要创造美的形态，形态离不开工艺来实现。工艺包括制造工艺和装饰工艺，制造工艺是造型得以实现的措施，装饰工艺则是完美造型的手段。两者相辅相成，才能体现出工艺美。

舒适美。工业产品的最终目的是为人使用，每种产品在使用过程中，应该充分体现人机的协调性、舒适性，使人感到使用方便、操作舒适和安全可靠。

规范美。很多公司的产品都有规定自己内部的型号和系列，使其设计生产符合标准化、通用化和系列化的原则。标准化、通用化和系列化是一项重要的技术、经济政策，也是实现规范美的有效手段。不仅有利于产品具有统一美感，而且有利于促进技术交流、提高产品质量、缩短生产周期、降低成本，增强市场竞争能力等。

产品造型设计的核心是产品形态美的设计，它是设计师在对市场调研材料分析的前提下，对产品造型设计准确定位的基础上而展开的设计，虽然设计的手段多种多样，但设计依然遵循美学的特点和规律，例如：①稳定性，产品设计中的一个重要原则就是稳定性，产品如果从视觉感受上存在头重脚轻的效果，给顾客留下的第一印象自然是产品不可靠，往往在进行产品设计时，我们会通过加大、加宽、加重底部结构的方式来降低产品的物理中心和视觉中心，让产品显得更稳固、更可靠；②独创性，即着重强调在进行产品造型设计时不是单纯地去模仿抄袭，而是在科学、合理的基础上使产品造型或是功能给人耳目一新的感觉，独创性一般在形态、材料、结构等方面上表现；③秩序性，在统一中找寻变化，在变化中追求统一，即在开展工业造型设计时要从产品形态变化的要素中找到统一点，它强调的是一种整体美，我们常见的有组合化设计；④体量感，产品造型设计的出发点是人机工程学，它强调产品必须符合使用者的需求，让消费者使用更便捷，更舒适，许多产品设计受到体量感的限制，例如：一个手握式的产品操作部位就不应该超过手的活动范围，一旦超过活动范围使用者就会感到使用不便；⑤动感性，产品形态的设计通常会被设计师赋予很强的动感，目前许多产品追求流线型设计，小到剃须刀大到轿车，流线型设计越来越泛滥，其中绝大部分原因是追求动感，但这里并不排除其他因素，例如，飞机的流线型出于空气动力的需求。

感觉是人类的一切认识活动的基础，也是造型艺术领域人们进行审美活动、创作活动的基础。不同的造型领域中所创造出的作品有着不同的艺术感觉。

汽车造型领域：

在日常生活中，我们经常会不由自主地观察人物的侧面，在脑海中简练地用几根线条来勾勒出一个人的站姿，包括腰背颈的曲线、腿部的动作等，汽车就具有几条关键的特征线来勾勒车的比例。（图 4-1）

图 4-1

图中绿色线连同前后窗构成了整车的侧面高度；橙色线为车身最流畅的线条，一般用来表达该车的刚柔之美；红色线条是车身侧面最重要的特征线，一些汽车公司会特别重视这条线；蓝色的三条线为延长线，尤其是前后两条延长线相交于视觉中心，三条线最好近似交于一点，这一点，就是整个汽车的视觉重心点（Visual Weight Center），这个视觉重心的位置对整车的造型有很大的影响。这几个代表线条之间会有一些共同的规律，如果不遵循这些规律，汽车造型就会变得难以接受。

三、如何造型

产品的造型是消费者最直观的第一感受，好的造型从定位开始。产品的造型定位主要包括两个方面的内容：产品外观设计；大小尺度与规格参数。一般产品都需要考虑以下定位内容：

（1）确定该产品所要传达的意识形态，产品整体外观造型基调。

（2）商榷产品局部细节造型的基本要求。

（3）确定该产品所要传达的应用形态，产品使用操作界面规定。

（4）提出产品材料及工艺基本要求。

（5）提出产品色彩及表面装饰的基本要求。

（6）制定对该产品大小尺度的限制范围、规格及参数系列种类的限制。

（7）限定基本产品重量和附件总重限制范围。

其次，不同造型的产品带给人的心理感受会不同。直线型产品给人以安静、严肃、庄重、整洁的感觉 (图 4-2)。曲线形的产品设计给人以优雅，舒服的感觉（图 4-3）。高耸入云的建筑给人以积极向上的感觉，象征经济蓬勃发展……

“重心”在产品造型中的应用十分重要。外形的视觉重心影响着整体造型的平衡关系。产品的下方若是颜色较重一点，可以起到降低视觉重心的效果，如果产品的上方加深，同样也可以提高视觉重心，例如图 4-4 所示的饮料瓶在整体效果上运用三分之一的黑色来降低视觉中心，使产品落到实处。

如何造型？第一是积累。多看多实训，脑子里要存储着无数的可能性，面与面的连接方式，细节的处理等。或许你觉得看了就忘了，但这些记忆会因为某一个契机（比如当你想要实现的功能和感觉与之前见过的某一样产品类似，或者某一个形状促使你想起）而苏醒。

二是练习。很多优秀的外观造型都存在着共通点：节奏、呼应、张力，这些东西都以线的形式在草图上表现出来，我们手臂的肌肉会把对线的记忆存储下来，所以庞大的练习量是提高造型能力和速度的关键因素。

图 4-2

图 4-3

图 4-4

第二节　形态设计方法应用

产品形态是设计学领域对产品整体外形所表现出来的有关形状、姿态、大小、色彩、材质、肌理以及构成等问题的研究，是偏理论性的一个用语。

形态设计是指人为构造或描绘事物的过程。形态即指事物的造型。设计，即人为构造或描绘事物的过程。这里指的事物可以是意识形态的，也可以是实体的事物；可以是客观存在的也可以是主观臆想的事物。此形态设计是一个普遍意义的“形态设计”概念，通常人们所讲的“形态设计”都是具有特殊意义的。

“形”指形状。物体的形状是相对于空间而存在的，主要是指尺度、比例、层次关系。“态”是附着于物体的形而存在的，是指物体可视化的外观形状和神态，也可理解为物体外观的表现因子。所谓“形态”，即形状和神态，是主观与客观的结合。“形”是客观的、物质的、静态的、有形的；“态”是主观的、人性的、动态的、无形的。“形态”是对平面和立体的描述。因此，我们从形态的角度来研究艺术设计，是抓住了艺术设计的关键。

形态设计可以分为意识形态和现实形态。意识形态可理解为人为形态，是指不能为视觉和触觉所感知的，它存在于人的大脑中并参与造型和设计构思的形态，是视觉化之前的一类形态。人为形态又可以分为无机形态、有机形态、意象形态和纯粹形态，人为形态通过纯粹形态的放大、缩小、分解、变形、组合与重构，可以形成新的、平面的或立体的自然形态。

自然界中蕴含了很多令人惊奇的奥妙，它是人类艺术和创造的源泉，人为形态中的具象与抽象形态的灵感来源于自然形态。早期人类造型活动中起支配作用的是对自然形态和功能的模仿，由于自然形态有维持其存在的功能，于是人类制造出许多人为形态——各种工具和设备，人类因此产生了仿生学。

自然形态复杂多样，只能加以人为地概括和抽象表达。自然形态中最基本的、纯粹的形态有三角形、圆形和正方形等几何形态，形态的本源也是这三种形态（图 4-5），艺术类专业都有接触过几何形态的素描练习，所以并不陌生。

图 4–5

形态的要素包括点、线、面、体几个方面。

点：在形态美学里，点是作为形态而实际存在的，而并非几何学里的无大小关系，只有位置意义的存在。

线：作为形态美学的造型基础之一，线更具有心理影响效果和作用。直线带给人们以刚直、坚实、明确感，曲线带给人们优雅、柔美、轻盈感。

面：在形态美学里，面分为几何形、有机形、偶然形和不规则形等。正确把握面的形态要素特征，对于研究形态美学的构成具有重要的意义。

体：立体的形态是以实体占据空间，所以不管是从哪一角度都可通过视觉和触觉来感知立体物品的客观存在。体的体积感和重量感是其主要特征，体的体积感包括点立体、线立体、面立体、块立体，具有不同的视觉特性。

产品具有实用功能、认知功能和审美功能，“形态”作为产品存在的基础，表现在与人的关系层面，同样具有实用功能、认知功能和审美功能。

（1）实用功能——是形态的基本功能，多指设计品及其形态通过与人之间的物质和能量交换，直接满足人的某种实际需要的能力。

（2）认知功能——由设计品的外在形态所实现的一种精神功能。分为指示功能和象征功能。实用功能须借助于认知功能得以表现。

（3）审美功能——从设计的功能形态向审美形态转化，造型是关键，也是提高审美价值的重要手段。

产品系统中自古以来就包含了艺术因子，这是由产品的功能所决定的。古代陶器、青铜、家具等产品的装饰手法应用都组成了产品的艺术因子。（图 4-6）

图 4-6

艺术因子在不同形态上的表现给人不同的感觉。形态的感觉特征大致包括：

（1）庄重与活跃；

（2）扩张与修长；

（3）坚实与柔和；

（4）膨胀与扁平；

（5）沉重与轻盈。

如图 4-7 所示，看到这款椅子设计，我们可以联想到的感觉特征有哪些？①活跃；②修长；③柔和；④膨胀；⑤沉重。或许你有不同的看法，可以展开讨论一下。

产品的整体设计最终都要借助于一种外在形式来表现出来，这种产品的外在形式就是产品的形态，塑造产品外在形式的过程就是产品造型设计过程。

色彩心理与形态心理共同构成了人们的视觉心理，构成了人们对产品形态设计和审美判断

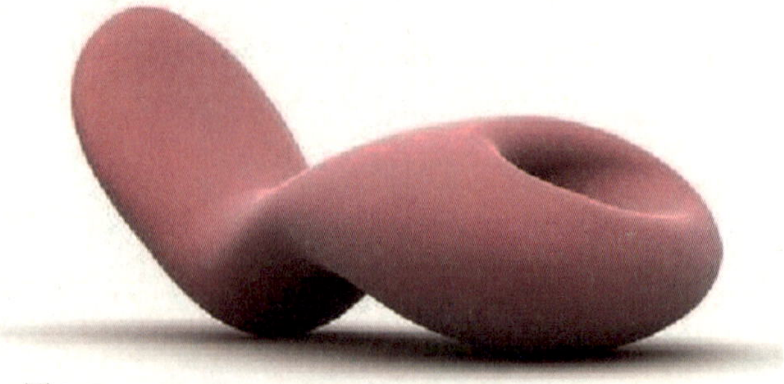

图 4-7

的主流。因此，色彩是影响形态设计的一个重要因素。不同年龄层次的人对于色彩的选择不同。幼儿期间，怀揣着对世界的好奇，更加倾向于有艳丽色彩的产品；青少年期间，审美刚刚建立，色彩容易受到旁人及媒体宣传的影响；成年后由于生活经验和学习等方面的影响，色彩心理因人而异。

形态与材料。材料从造型的角度来说主要体现在质感和肌理两个方面。质感是由物质的理化性质决定的，如钢铁、木材、塑料和玻璃等。钢材给人以坚硬、冷漠、机械和现代之感；木材给人以自然、温和、亲近和传统之感等。

肌理是物体表面组织结构的群化，相同的物质如果肌理不同，那么带给人的印象也会有所不同。比如：玻璃的质感光洁、晶莹剔透、冷漠，以及硬度强、易碎等。但如果肌理有所改变，就可以形成不同的效果，改变其原有的印象。

从设计的角度看，形态必须要有一定的物质形式来体现。产品的形态总是和材料、结构、功能等要素相联系，消费者在选择产品形态时也总是与这些基本要素联系在一起。产品的形态是功能、材料、结构、色彩等要素所构成的“特有态势”。

产品设计是一项创造性的活动，好的设计并非只有优美的外观，蕴含的文化、科技、市场及环境等因素也要通过产品来体现。科技的进步和人们需求的不断增多，都成为作用于产品设计的“外力”因素，使产品呈现出日益丰富的形态变化。

设计意味着创新，这决定了必须用发展的眼光看待形态设计，不然设计出的产品就会失去生命力。

第三节　产品形态设计的美学法则

一、设计美学的基本法则

设计美学是研究人类的造物活动，机械生产和产品文化中有关美学问题的应用美学学科，也称为“技术美学”“工业美学”，在俄罗斯等国有“劳动美学”“商品美学”的称谓。

设计美学是一门交叉性的学科，是社会科学和技术科学相互融合、相互渗透的产物，是随着现代工业化的发展和现代设计学科的完善而逐渐形成的。设计是人类生产活动中有意识、有目的的思维活动。设计以观念的构思形成产品的表象，来作为生产的前提，使生产活动依据人的自觉行为来进行，因此，马克思提出：“人是按照美的规律来从事生产的”。从人的设计活动所包含的因素，可以确定设计美学的基本范畴有如下四个方面：功能美、技术美、材料美、形式美。

第一，功能美。这是设计所追求的最根本的条件之一。通过设计的产品和环境对人们所预期要求的满足条件而显示的审美价值。法国美学家苏里奥认为一种产品设计只要正确体现了预期的功能就具有美；包豪斯反对一切与功能无关的装饰；沙利文提出“形式服从功能”的口号。这些都是 20 世纪上半期对功能美极端推崇的结果。而拉罗则认为，单纯追求功能未必产生美，只有合理地发挥功能、材料、组织、形式和外部环境五种因素的作用，才能构成产品的总体美。

第二，技术美。技术是指人们在改造自然的过程中所使用的手段和方法，是人类自觉运用客观规律来协调人与自然关系的能力和水平的体现。技术由两个方面构成：一是技术的物质手段，即工具设备；二是劳动者主体所体现出的技能、经验和技巧。在手工业时代，技术美主要体现在劳动者的技巧与经验表达上，在加工产品时被物化为一种精巧的美的形态；而在技术发展的机械化生产时代，技术美则表现为特定的加工方式和工艺所形成的统一的、大批量的、精致产品的生产技艺过程。

第三，材料美。材料是设计的物质载体，一定的设计目标要求有与这一目标相吻合的特定质材。材料的美不在于材料本身价值的高低与贵贱，而在于材料对目标的服务作用，只有能够完美地体现设计目标的材料，才是最美的材料。简言之，材料之美，美在选材的合理和得当。

第四，形式美。产品的形式美表现在产品整体形象与环境之间，产品的整体与局部的协调关系上。随着社会的发展，我们的劳动方式和生活方式有了改变，形式美的规范也随之发生着变化，古典时期的“黄金比例”发展到现今被超长比和超宽比所取代或共存。

设计美学所追求的设计境界，应该是功能美、技术美、材料美、形式美的有机的统一，四者在设计中融会贯通，综合地发挥作用。

二、美学在产品设计中的运用

当人类第一次制作工具、第一次装饰洞穴时设计就已经出现了。美学对设计的发展影响是毋庸置疑的，谈到美学在产品设计中的作用，不同的人有不同的侧重点。纵观产品设计的发展历程，功能与形式一直是争执不休的话题，兼顾功能与造型对于产品设计来说并不是一件容易的事，著名工业设计师诺曼提倡要以使用者的角度来思考设计的原则，提醒消费者购买的物品要方便好用，易于理解，这是一种注重功能的设计思维。然而，随着时代的发展，顾客对“美”的需求越来越高，虽然“美”并不是设计的唯一属性和最终目的，但就设计成果而言，美的因素却成为考察产品优劣程度的标准之一，它让消费者在产品使用过程中得到情感满足和体验享受。

18 世纪哲学家鲍姆嘉通（Baumgar-ten）首先提出“美学体验”这个词并将其含义理解为感官的满足或感觉上的愉悦，艺术作品也是因为这个原因而产生的，即为了满足人们的感官需求。在这里特指产品本身的技术、人机理论及形式美学规律等方面的运用，对消费者在心理和生理上的情感体验的提升和挖掘，使人们在生理和心理上有愉悦的体验，从而在使用过程中产生共鸣。

18 世纪末，由于机器生产的出现，工业生产结构开始发生改变。随着机械化的不断深入，生产工人的工作流程被机器限定，技术水平趋于平均化，使原来技术与艺术合作进行的工作产生了细分。由于限制了产品结构的形式，在直接生产中不考虑一切审美因素；一方面由于技术的限制，另一方面由于资本家对产量的追求，为了公司利益的最大化，很多生产工作把审美因素从物质生产领域排除出去。当下，现代化工业技术的生产方式使工业设计成为全部生产过程的主要环节。它把社会的、经济的和科学技术的进步有机地结合起来，人们开始注意和改进工业设计。工业产品不再是单一的功能综合体，设计会为它注入新的源泉。

随着现代社会的进步，人们所追求和期待的已由机械的、毫无生气的物质满足过渡到更具有生命情感的体验享受上来。正如经济学家约瑟夫 · 派恩和詹姆斯 · 吉尔摩在《体验经济》一书中提到的：体验经济时代已经到来。顾客的需求不仅仅是产品或服务．他们还追求情感与情境的诉求。产品设计美学是探究提高人类生活品质的美学规律，其最终目的是建立在人类科技文明的发展和现代工业生产技术不断进步的平台上，自由地生存和发展。设计不单单是为了生产、为了“物”的实现，同时也使人类满足了很多精神上的需求，以及收获了很多美的心理体验。

站在审美的立场上，同性别的人也会有不同的见解。男女之间兴趣爱好的差异尚且不说，在同性之间也会由于性格的差异而导致世界观、价值观以及审美观的不同。这就需要我们设计人员在常规美的标准中寻找差异性，工业产品中以汽车设计为例，有些人喜欢车身硬朗的，所以出现了像路虎一类多直线条的SUV；也有些人偏爱流线型，因此出现了法拉利这一类线条漂亮的跑车。这两种类型的车无疑都是好的设计，只不过是使用的人群不同而已。

产品的美不是高高在上的存在，而是与消费者的使用息息相关。因此，由于消费人群的差异，也会造成审美的不同。审美活动是一种感受性和创造性相统一的过程，最好的审美来源于自然、宗教、传说等。因此一个设计师相应地要了解自然，了解当地的宗教，了解传说甚至是历史背景。飞机的设计就是前辈们在用心观察自然时，从鸟身上得到的启发。自然就是人类最好的老师，只有没被加工、没被污染过的东西才是最好的艺术，而大自然就拥有着丰富多彩的艺术。只有与自然和谐相处，不断向自然学习，才能创造出真正意义上美的事物。

第四节　仿生形态设计案例分析

仿生设计是一种创造性的活动，它的灵感来源于生物原型。这是一个创造力高度集中的思维活动，是基于对自然事物的深刻理解之上，运用自然界中审美和造型的原则。

图 4-8

人类在很久以前似乎就意识到能从自然生态系统中找到自身生存、发展、进步的真谛。人类从原始时期进入文明时代就是在模仿和适应自然规律的基础上发展起来的。回顾我国的古文明史，不难看到人们很早就留下了模仿自然生态的痕迹。从远古原始人构筑的人首龙身、人面鸟身等“人心营构之象”，到现实生活中以各种动物形态为原型的实用器皿，如牛形灯、鹰形壶等。（图 4-8）从神话故事中的人会羽化飞升，到春秋战国时期的鲁班从草叶的齿形边缘中“悟”到了锯的原理等，大量的事例记载了人们对自然生命的外在形态和功能创造性地模仿。

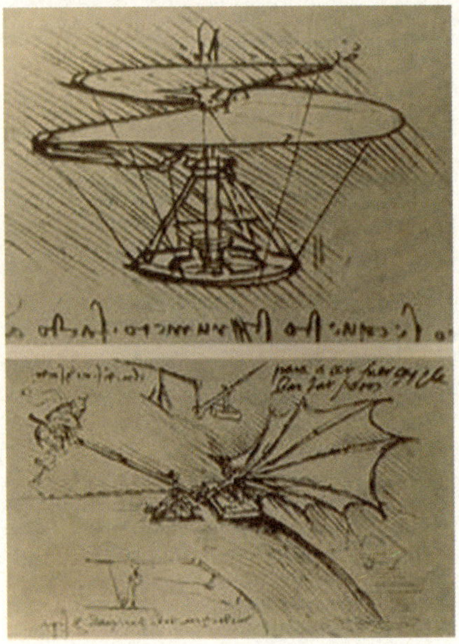

图 4-9 达・芬奇飞机手稿

国外也是如此，人们看到鸟儿在天上自由自在地飞翔时，就幻想人也能像鸟一样飞上天，于是便尝试各种方法去模仿鸟。经过多次的模仿与试验，从最初的木制飞人发展到今天的超音速飞机，终于实现了人类在蓝天翱翔的梦想。

达・芬奇被认为是现代仿生设计学之父。大约在公元 1500 年，他完成了鸟翅模型之后，又画了一系列的无法实现的飞行设备草图。大约 400 年之后，奥托根据鹳的翅膀制造的滑翔机成功地飞行了 250 米，他也因此取得了“滑翔机之父”的称号。就如我们小时候玩的竹蜻蜓，便是现代直升机的趋形。一直以来，许多研究者都在不断尝试把自然界的形态和功能类比应用于设计科学中。

工业设计中的仿生设计具有深厚的历史积淀和众多丰富的实践经验。它也是最鲜活的设计创新方法之一。目的是回归自然，追求人性化的材料和可行性的方法。

德国著名的创意产品设计师路易吉·科拉尼是仿生设计的大力倡导者和实践者，他有着人类责任感的设计哲学思想，以及呼吁人类社会与自然和谐统一的设计观念，这些都具有极其深刻的划时代意义。他鲜明的仿生设计原理与方法、强烈的造型意识和极具生命力的设计，都影响了后世的设计活动。

图 4-10、图 4-11 所示的两张壁纸是由仿生设计大师 Luigi Colani （路易吉·科拉尼）主持设计，他将几何曲线、树干纹路等自然的概念带入壁纸，让室内空间充满大自然的清新与舒适。再加上多样化的压印技术，如同在壁纸上做雕刻，产生三维立体效果。

图 4-10

图 4-11

仿生设计的特性主要包括：艺术性、科学性、商业性、循环性、可逆性。采用仿生设计不仅可以创造出优秀、合理的产品，也可以形成一种向往自然，促进人与自然和谐统一的现象。

仿生设计是一种创造性的思维过程。其造型对象具有显著特征，如趣味性、兼容性等。它可以如下划分:

（1）生物种类：动物仿生学，植物仿生学，昆虫仿生学，人类仿生学和微生物仿生学。

（2）系统生物学特性：形式仿生学，结构仿生学与装饰仿生学。

（3）模仿度：具象仿生学和抽象仿生学。

（4）模仿的完整性：整体仿生学和局部仿生学。

（5）模仿的情境：动态仿生学和静态仿生学。

（6）模仿的量：单体仿生学和组合仿生学。

现代社会文明的主体是人与机器。人类在生态文明的失调状况下，开始反思并寻找新的出路，建立人与自然、人与机器的协作平台，创造人类社会与自然的高度和谐，师法自然的仿生设计就是一种新的理念。

仿生设计是人们在向自然学习的过程中，长期的经验积累，选择和改进其功能、形态，从而创造出更优良的产品。尤其是在快速发展的信息时代，人们对产品设计的要求和过去大不相同，开始注意到产品功能的优良特性，并且开始追求产品形态的清新、淳朴，注重产品的返璞归真和个性特点。设计提倡仿生，不仅能创造出功能完善、结构精巧、用材合理的产品，而且能够赋予产品形态以自然生命力的象征，让设计回归自然，增进人类与自然的交流。

德国著名设计师路易吉 · 科拉尼曾经说过：“设计的基础应来自于大自然的生命所呈现的真理之中。”这句话点出了自然界是蕴含着无尽设计宝藏的深刻意义。归纳总结现代创意产品设计中的仿生设计，主要表现集中在以下几个方面：

（1）形态的仿生设计

形态从其再现事物的逼真程度和特征来看，可分为具象形态和抽象形态。

①具象形态的仿生设计

具象形态是透过眼睛产生生理的自然反应，如实地把外界形态映入眼睛膜，刺激神经后感觉到存在的形态，它比较逼真地再现了事物的形态。由于具象形态具有很好的趣味性、有机性、亲和性和自然性，消费者普遍容易接受，在玩具、工艺品、日用品中应用比较广泛。但由于其形态的复杂性，很多工业产品不适合采用具象形态。

具象形态仿生学是指设计从业人员在产品的形式上较为直接、形象地呈现出生物原型的造型特征。在设计过程中，我们可以选择生物造型的整体或部分去直接仿照。如选择鸟作为生物原型去进行设计创造。（图 4-12）

图 4-12

②抽象形态的仿生设计

抽象形态是用简单的形体反映事物独特的本质特征。此形态作用于人时，会产生“心理”形态，这种“心理”形态是经过生活经验的长期积累而潜在存在的，经过联想最终浮现在脑海中，那是一种虚幻的，没有实体的形，但是这个形经过个人主观的喜怒哀乐会产生变化多端、色彩丰富的形态，这与生理上感觉到的形不同。归纳总结抽象的仿生设计形态具有以下几个特征：

a. 形态的高度简化和概括性

形态高度的简化性和概括性指的是形态本质的抽象表现，即通过对生物形态或非生物形态的科学分析，结合生活经验和设计经验，可证明一切形态的本质都是一种内力的运动变化，这种内力运动变化是产生形态的根据。在形态研究时，设计师从人的知觉和心理角度有意无意地把形态的内力运动变化为生命活力，再通过形态抽象，用点、线、面的运动组合来体现生命活力。因此，形式上表现为简化性，而在传达本质特征上表现为高度的概括性。

这种形式的简化性和本质特征的概括性，正好吻合现代工业产品对外观形态的简洁性、几何性以及产品的语意性的要求，因此大量应用于现代产品设计中。

b. 同一抽象形态的多样性

设计师在对同一个具象形态进行抽象化的过程中，由于生活经验、教育背景、抽象方式以及表现手法的不同，抽象化所得到的形态也会不同。

抽象仿生设计形态应用于产品开发时，在生产和销售中有以下优点：

其一，生产便捷。

抽象形态的形式简洁、生产便捷，这些都吻合了现代工业产品所提倡的简练的几何外观特征。因此，如果对生产设备没有特殊的要求，开发商大可以方便快捷地进行生产，这为很多工业产品的仿生设计提供了无限可能。

其二，产品形态多样化。

具象形态多种多样，抽象后的形态更是数不胜数，这些形态为仿生设计提供了很多选择的空间。

其三，满足不同层次的顾客。

抽象形态的联想性充分地激发了顾客的自由想象力，从中不但可以感受到产品形态的有机、可爱、情趣、亲和、运动等特征，同时还因为联想背景不同，有的想起可爱的小动物，有的联想起过往一段美好的爱情，有的想起一个老朋友，有的联想一次愉快的旅行等，消费者会从不同的角度感受到仿生设计形态赋予我们的艺术美感和想象空间，仿生的形态会更容易满足不同层次的客户人群，从而激起他们共同的购买欲望。

其四，产品回归自然。

抽象仿生设计形态的本质特征是由内力运动变化而产生的生命活力。仿生设计是模仿动物、植物等生物形体来创造产品，其形象十分生动，以寄托对大自然的热爱之情。

总之，具象仿生设计停留在模仿生物的表层，思想性和艺术性的含量相比抽象仿生要低；抽象仿生设计集中于提炼物体的内在本质属性，是一种特殊的心理加工活动，属于较高层次的思维创造活动，它着重揭示事物的理念内涵。在现代仿生设计中高、新、精、尖的工业产品，更适合用抽象仿生设计。

（2）功能的仿生设计

随着认识的深入，人们发现动植物某些方面的功能，实际上远远超过了人类自身在这个方面的科技成果。生存在自然界中的各种各样的动植物能在各种恶劣的环境下生存与运动，这是由于动植物的运动器官和形体与复杂环境斗争的结果。植物和动物在几百万年的自然进化中，不仅完全适应自然，而且其进化程度也随着环境的变化不断加快。现在我们生活在科学技术飞速发展的年代，学习和利用生物系统的优异结构和独特功能，已成为技术革新和技术革命的一个新方向。

在物质文明的创造过程中，人们经常会将生物的某些特点运用到设计创造中。例如加重的翅痣蜻蜓在高速飞行时安然无恙，人们仿效其在飞机的两翼加上了平衡重锤，解决了因高速飞行而引起振动的棘手问题；又如根据蛙眼原理，科学家利用电子技术制成了雷达系统，能准确快速地识别目标；根据萤火虫 100% 的光能转化效率原理，人类制成的冷光源，将其发光效率提高十几倍，大大节约了能量；再如仿昆虫单复眼的构造特点，人类造出了大屏幕模块化彩电和复眼照相机；仿狗鼻子嗅觉功能，人类造出了电子鼻可以检测出极其微量的有毒气体等诸多令人惊叹的创造。

就算有如此多的仿生设计，大自然中的动植物千千万万，还有很多高超的技能与奥秘我们尚未完全掌握，但可以确信的是，随着仿生设计技术的不断发展，各种仿生设计发明会源源不断地被应用到人类的生活中来。

创意产品设计师该如何更好地利用仿生设计发明来设计产品呢？首先，要明确科学家、工程师与创意产品设计师职责的不同，前者解决物与物之间或物体本身整体与部分之间的关系；后者解决物与人之间的关系，即构建人机对话的平台。因此，创意产品设计师实现产品创造的基础是仿生设计技术发明的实现。这样，创意产品设计师就有两种方式来利用仿生设计发明产品：

①科学家先完成成果，产品设计师再结合人类的需求转化为仿生设计。

科学家首先完成了仿生设计所需要的发明，但由于知识结构的不同，科学家不可能对市场和人的需求有一个全面而准确的定位，就很难将其发明成果转化为市场上的产品，更难去创造出人性化的人机交互界面。

而设计师恰好能够准确地考虑到消费者需求，结合优秀的仿生设计创造出消费者有购买欲望的产品，同时构建良好的人机交互平台。

②产品设计师首先提出设想，再由科学家实现互动仿生设计。

当科学家还没有实现某种仿生设计发明时，产品设计师就通过对自然现象的观察和以往设计经验的总结，再结合对市场需求的定位和认识，提出仿生产品的概念和构思。科学家实现互动仿生设计的技术，使得产品设计师构想的仿生设计类型产品成为可能。通过产品设计师和科学家的互动，使创造出的产品有价值。因此，产品设计师要密切了解最新的关于仿生的科学成果，同时也要留心观察自然和市场导向。

（3）结构和材料的仿生设计

随着仿生设计学的深入开展，人们不仅从外观、功能上去模仿动植物，还从生物的构造、肌理中得到启发。人们在“仿生设计制造”中不仅师承自然，而且学习和借鉴它们自身内秉的组织方式与运行模式。有的结构精巧，用材合理，符合自然的经济原则；有些则是根据某种数理法则形成，合乎“以最少材料”构成“最大合理空间”的要求，这些都为人类提供了“优良设计”的典范。

例如蜂巢是由一个个排列整齐的六棱柱形小房组成，每个小蜂房的底部都由 3 个相同的菱形组成，这些结构与近代数学家精确计算出来的菱形钝角 109° 28′ 和锐角 70° 32′ 完全相同，是最节省材料的结构，并且空间容量大、坚固，令很多专业人员赞叹不已。人们仿照其构造用以各种材料制成蜂巢式夹层结构板，强度大、重量轻、不易传导声和热，是建筑及制造航天飞机、宇宙飞船、人造卫星等的理想材料。

想要了解生物构造中存在的奥妙，最直接的手段就是研制新型的“仿生设计材料”。例如：研究人员模仿鲍鱼壳的微观结构，将铝分子加满在碳化硼分子之间，初步研制成功的新型陶瓷材料，除了既坚硬又柔韧之外，还可以感测并适应周围环境的变化，如果把这种性能运用在飞机机翼上，当飞机遭到损害时能够感知并自行修复，将会是社会的一大进步。

因此，产品设计人员要积极地关注仿生设计发明中精巧的结构和奇特的材料，并且巧妙地运用这些结构和材料，结合市场的需求创造出消费者需求的产品，同时也要细心地观察自然，提炼自然的精华，提出更多的设想，为科学家的探索提供更多的思路，从而创造更有价值的仿生设计成果，为人类创造更加精美而丰富的产品。

（4）界面仿生设计

在现代工业产品设计中，单纯地从形态、功能、结构或材料的某个方面来模仿的设计比较少见，更多的是综合形态、功能、结构和材料多个方面来进行仿生设计。还可以从大自然的生存哲学即和谐与共生的角度进行仿生设计，比如绿色仿生设计、可持续仿生设计等。这种既可以从自然界的个体表现形式，又可从自然界的总体生存理念的仿生设计，与界面设计的功能性设计和情感性设计是相吻合的，因此，我把这归结为界面仿生设计。

要理解界面仿生设计，首先要了解界面的概念。所谓界面，即人机界面，是人与机器进行交互的操作方式，即用户与机器之间相互传递信息的媒介，其中包括信息的输入和输出等方式。好的人机界面美观易懂、操作简单而且会具有引导功能，使用户感到愉快、兴趣增强，从而提高使用效率。

美国学者赫伯特・西蒙提出：设计是人工物的内部环境和外部环境的接合。所谓设计是把人工物内部环境与外部环境接合的学科，这种接合是围绕人来进行的。“人”是设计界面的一个主要方面，是认识的主体和设计服务的对象，而作为对象的“物”则是设计界面的另一个方面。它是包含着实体、环境及信息的综合体，就好像我们看见一个产品、一栋建筑，它所带给我们的不仅有使用的功能、材料的质地，也有着对传统思想、文化底蕴、科学观念等的认知。“任何一件作品的内容，都必须超出作品中所包含的那些个别物体的表象。”分析“物”也就分析了设计界面存在的多样性。

因此，为了了解和分析仿生设计界面设计，可以将其分为几个类型：

①功能性界面仿生设计

功能性界面主要接收物的功能信息，操作与控制物，同时也包括与生产的衔接，即材料的运用、科学技术的应用等。这一类型的界面仿生设计侧重于功能、结构和材料的仿生，反映着设计与人造物的协调作用。

②情感性界面仿生设计

情感性界面即要传递情感给受众，取得与消费者的情感共鸣。这种情感的传达存在着确定性与不确定性。情感界面着重于深入目标对象，即使用者的感情，而不是个人的情感抒发。设计师设计界面时只投入热情，不投入感情，避免个人的主观臆断与个性的自由发挥影响界面设计。这一类型的界面仿生设计侧重于用形态、色彩、肌理等心理情感，体现大自然和谐与共生的精神哲学，反映着设计与人的情感关系。

例如：在计算机的硬件设计中，人们开始逐渐采用多种方式与机器交互，如自然语言接口、计算机支持的协同工作、眼动跟踪、姿势识别、三维输入、表情识别、听觉界面等等，进行着功能性方面的界面仿生设计。

总之，随着计算机在各领域的广泛使用，它已经变成家庭、生活中不可缺少的商品，产品小到能任意地装在口袋里，用来帮助人们处理日常的办公业务和生活事务，其他产品发展同样如此。因此，仿生设计使产品有更加完备的功能性界面和更加自然和谐的情感性界面，更好地满足人们的需求。

未来产品设计中仿生设计的前景：

我们生活在科学技术飞速发展的时代，学习和利用生物系统的优异结构和奇妙的功能，已经成为技术革新和技术革命的一个新方向。许多事实证明，仿生设计学是发展新技术的金钥匙。例如研究表明，在不久的将来仿生设计电子眼产品将会普遍存在，因为科研人员已揭开眼睛是如何看到经大脑“翻译”的图像。他们已发明一种称为“细胞神经网络”的电脑微型集成电路，据此将发明仿生设计“电子眼”可以用来进行类似视网膜功能的图像处理。又如美国宾夕法尼亚大学医疗中心耳鼻喉科的医生将开展“仿生设计耳”植入手术，让以前失去听力的成人重获听力。再如科研人员以猴子作为人的替身，正在研究人大脑的思维与记忆的生理活动。他们设想，如果仿照人的神经系统，把它运用到电子计算机上去，就有可能诞生具有高级神经活动的生物计算机，那将是仿生设计学划时代的贡献。所有这些都预示着仿生设计科技前途似锦，而且仿生设计科技的探索永无止境。

其次，神奇的大自然在向人类展示着精妙绝伦的生命形态和迷人色彩时，还无声地阐释了自然界的生存哲学——和谐与共生。这种和谐的设计哲学呼吁人类社会与大自然之间要和谐统一；共生的设计哲学呼吁人与机器、生态自然与人造自然之间要建立合理的建构，搭建人与自然、人与机器共生的对话平台。

由此可见，运用仿生设计思维来进行设计创作，不仅能创造合理的产品，而且能够赋予产品生命的象征，让设计回归自然。因此，产品设计师要学会师法自然的仿生设计思维，建立人与自然、机器的和谐共处的氛围环境。

课题训练

1. 以 2~3 个几何形态设计两个家用器皿或办公文具。要求注意几何形态之间的比例关系和交叉关系。
2. 以某一动植物的形态设计三个仿生形态产品，要求该仿生产品具有一定的功能性。

本章思考与练习

1. 收集家具产品，并分析家具形态中的艺术因子。
2. 思考不同的造型领域中，对美的定义。

5 第五章　系统设计思想及方法

学习要点及目标

1. 通过学习，了解现代产品客观系统设计的系统观
2. 了解产品系统的要素、因素及其包含关系
3. 通过学习理论和案例分析，形成初步系统设计观念

核心概念

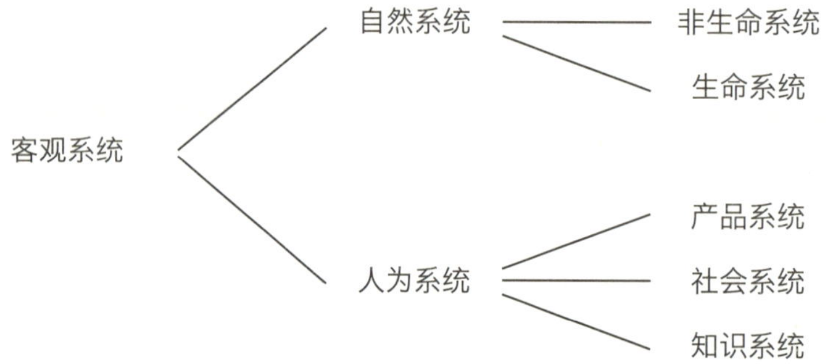

系统设计不但为现代科学的发展提供了理论和方法，而且在社会政治、军事、经济、文化等方面提供了方法论基础。系统论反映了现代科学的发展趋势、大工业化生产的特点以及社会生活的复杂性。系统的观念正在渗透到各个领域中，产品系统设计就是系统科学在设计领域中的应用。

第一节　系统的概念

“系统(system)”这个词来于古代希腊文，意为由部分组成的整体。系统概念的基本体系主要包括系统、要素、结构、子系统、系统层次、系统功能、系统环境等，具体结构如图 5-1 所示。

一些思想家和未来学家也对系统的概念进行了描述：

（1）系统是一个动态和复杂的整体，相互作用结构和功能的单位。

（2）系统是能量、物质、信息流不同要素所构成的。

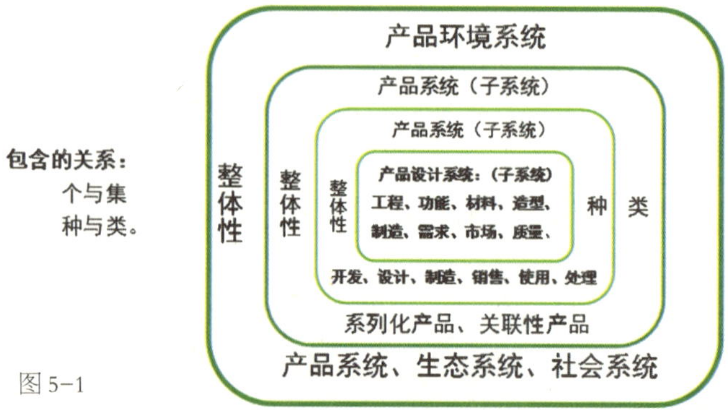

图 5-1

（3）系统往往是寻求平衡的实体所构成，并体现出震荡、混沌或指数行为。

（4）一个整体系统是任何相互依存的集或群暂时的互动部分。

我们可以从三个方面理解系统的概念：

（1）系统是由许多的要素组成的。这些要素可能是一个个体，一个或许多元件、零件，也可能要素本身就是一个系统（或称之为子系统）。如运算器、控制器、存储器、输入/输出设备等组成了计算机的硬件系统，而硬件系统又是计算机系统的一个子系统。

（2）系统会有一定的结构比例。系统是构成要素的集合体，这些要素之间相互联系、相互制约。系统内部各要素之间相对稳定的联系方式、组织秩序及失控关系的内在表现形式，就是系统的结构。例如钟表是由齿轮、发条、指针等各个零部件按照一定的方式装配形成的，但一堆齿轮、发条、指针如果随意摆放在一起就不可能构成钟表；人体由各个器官组成，单个器官简单拼凑在一起不能称其为一个有行为能力的人。

（3）系统拥有一定的功能，也可以说系统要有一定的目的性。系统的功能是指系统与外部环境相互联系和相互作用中表现出来的性质、能力。例如信息系统的功能是进行信息的收集、传递、储存、加工、维护和使用，辅助决策者进行决策，帮助企业实现目标。

如图 5-2 所示为产品系统设计的三因素：

系统结构具有以下三个基本特性：有序性、协调性、稳定性。

（1）有序性。任何系统都是按照一定的时间和空间体现出来的。有序性是客观事物在运动过程中表现出来的稳定性、规则性、重复性和相互的因果关联性，而无序性则表现为不稳定性、无规律性、随机性和彼此间的相互独立性。

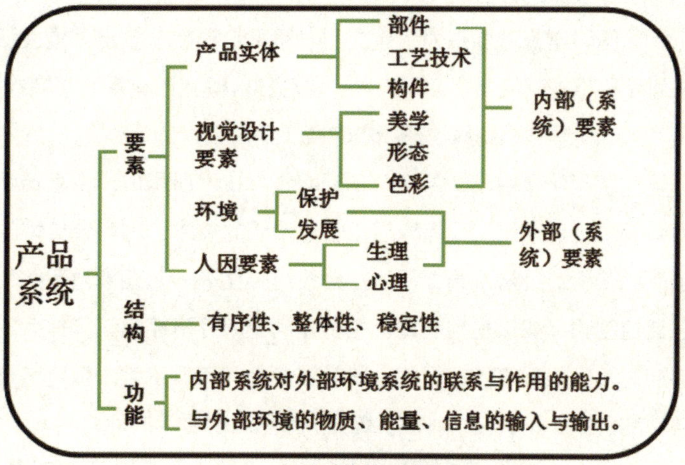

图 5-2　产品系统的三因素

（2）协调性。协调性多表现在运动上，是一种动作连续变化的平衡艺术。系统结构在时空上的有序性，使得系统诸要素之间的相互联系和作用，形成了一个有机的、协调的整体。它使系统中各要素失去了独立性，要素之间形成一种相互依存的平衡关系。系统的性质取决于要素的结构，结构的好坏则是由要素之间的协作直接体现出来的。

例如，自行车刹车系统的动作：手刹—闸把—闸线—闸皮—抱紧轮圈—停车，反映了自行车刹车系统结构的有序性，形成了一个和谐的整体，来控制自行车整个系统的正常运行。

（3）稳定性。系统结构中的有序性和整体性，会使系统内部诸要素之间的作用与依存关系产生惯性，即体现出动态的平衡，维持着系统的稳定性。当稳定性被破坏时，系统的功能就无法正常作用。

例如移动通讯系统，在网络的作用下，系统中各要素按照某种秩序形成一个整体，各要素间保持着相互依存的关系，并且这种关系是稳定的和相互作用的。当消费者对手机的需求量增加时，系统就必须扩展容量，负载的能力强化了，就相应的会促进系统结构的优化。如果中间的哪个环节发生变动，其他环节必然与之相协调。这就是系统内部根据变化情况保持稳定的方式。

系统是普遍存在的，从基本粒子到河外星系，从人类社会到人的思维，从无机界到有机界，从自然科学到社会科学，系统无所不在。

从宏观层面来分类，它大致可以分为自然系统、人工系统、复合系统三类。

自然系统：一个系统中个体按照自然规律存在或演变，产生或形成一系列的自然现象和特征。自然系统包括生态平衡系统、生命机体系统、天体系统、物质微观结构系统以及社会系统等。

人工系统：一个系统中的个体依照人为的、预先编排好的规则或计划好的方向运行，以实现或者完善系统为先，个体不能独立实现。人工系统包括立体成像系统、生产系统、交通系统、电力系统、计算机系统、教育系统、医疗系统、企业管理系统等等。

复合系统：复合系统是自然系统和人工系统的整合。复合系统包括导航系统、交通管理系统和人机系统等。

维纳在创立控制论中，把动物、机器的通讯和控制看成是一个系统。为了确定研究的对象，人为地将物质和空间与其余对象分开，被划定的研究对象称之为系统。在热学中通常把一定质量的气体当作研究对象，这类研究对象就称之为系统。在流体力学中，众多流体质点的集合就称之为系统。

系统科学就是把系统当作研究和应用对象的一门新兴的科学技术体系。如同自然科学、社会科学、数学科学等一样，它是现代科学技术体系中一门领袖学科。

我国科学家钱学森为了建立和发展系统科学曾做出了重大贡献。钱学森先生从应用系统思想和系统方法角度着手去研究整个客观世界，在总结、概括已有系统研究成果的基础上，于 20 世纪 70 年代末首次提出了系统科学和系统科学部门内的层次结构。

系统科学是由三个层次、多门学科与技术所构成：①直接用于改造客观世界而处在工程技术层面上的为系统工程。系统工程是组织和管理系统的技术，因系统类型的不同而存在着各类不同的系统工程，如工程系统工程、经济系统工程、社会系统工程等。②直接为系统工程提供理论基础但处于技术科学层次上的包括控制论（如工程控制论、生物控制论、经济控制论、社会控制论等）、运筹学和信息论。③揭示系统普遍性和一般规律但处于基础科学层次上的有系统学，系统学是一门正在建立的新兴学科。系统科学迈向哲学的桥梁是系统论（或称系统观），它属于哲学的范畴。

地球系统科学。我们生存的地球是一个巨大的系统，可以分为水圈、大气圈、生物圈和岩石圈等分支系统。

地球系统科学跨越了一系列的自然科学与社会科学，把地球当作一个由相互作用的地核、地幔、岩石圈、水圈、大气圈、生物圈和行星系统等部分构成的统一整体，重点研究各个组成部分之间的相互作用，以解释地球的动力、演化和全球变化。地球系统科学是 20 世纪末和 21 世纪最受人们重视的学科之一。

立体成像系统。立体成像系统是照相机上的一套拍摄系统，这个系统过程从拍摄到打印到观看，整个过程仅用了 2 分钟，操作便捷、快速，拍摄出的物体也凸显出立体之感。

立体成像系统与普通的数码相机系统不同，根本的区别在于普通的数码相机形成的是二维的平面效果，而立体成像系统形成是真实的三维立体图像，画面有很强的纵深感和立体感，运用立体成像系统拍摄出的照片不再受到传统平面二维的束缚。另外，普通的数码相机技术运行速度较慢，打印成像的时间长且无法与立体成像系统速度相比，立体成像系统的打印时间仅需几秒即可完成打印，大大提高了工作效率。

关于系统的含义可以从下面几个方向着手理解。

（1）系统是由多个事物组成，是一种有序的集群体。单一的事物元素是不能作为系统来看待的，比如一个零件、一个方法、一个步骤等只能看作是组成系统的一个要素。

（2）系统中的各个构成元素之间是相互作用、相互依存的。不相互关联的事物总合不能当作系统。比如就家庭系统来说，张家的小孩与张家是一个家庭，钟家的小孩虽然与张家小孩一块玩耍但不属于张家。

（3）某事物是否可以看作是系统并不是绝对的，这要从看待该事物的角度出发来定义。如从生产线的角度看，某生产线中的一台机器不能看作为系统，而只是该生产线系统中的一个元素。但从这台机器的角度看，该机器的各个零部件则构成了该机器系统。换句话说，当一事物可以拆解且拆解来看时，该事物就构成了事物系统本身。

第二节　系统分析

一、系统设计方法

系统设计方法主要包括结构化生命周期法、原型化方法、面向对象方法。按时间过程来分，开发方法可分为生命周期法和原型法，实际上还有很多处于中间状态的方法。原型法又按照对原型结果的处理方式分为试验原型法和演进原型法。试验原型法只把原型当成试验的工具，用即则弃，并根据试验的结论做出新的系统。演进原型法则把试验的结果保留，成为最终系统的一个组成部分。按照系统的要素分析，可以把开发方法分为三类：①面向处理方法（Processing Oriented，简称 PO）；②面向数据方法（Data Oriented，简称 DO）；③面向对象的方法（Object Oriented，简称 OO）。

产品设计的方法由传统设计方法和现代产品设计方法共同构成。传统的设计方法把对象分解为相互没有关联的部分再进行研究（图 5-3），现代产品设计则是将对象看作一个整体系统再加以认识研究。（图 5-4）

传统的产品设计流程

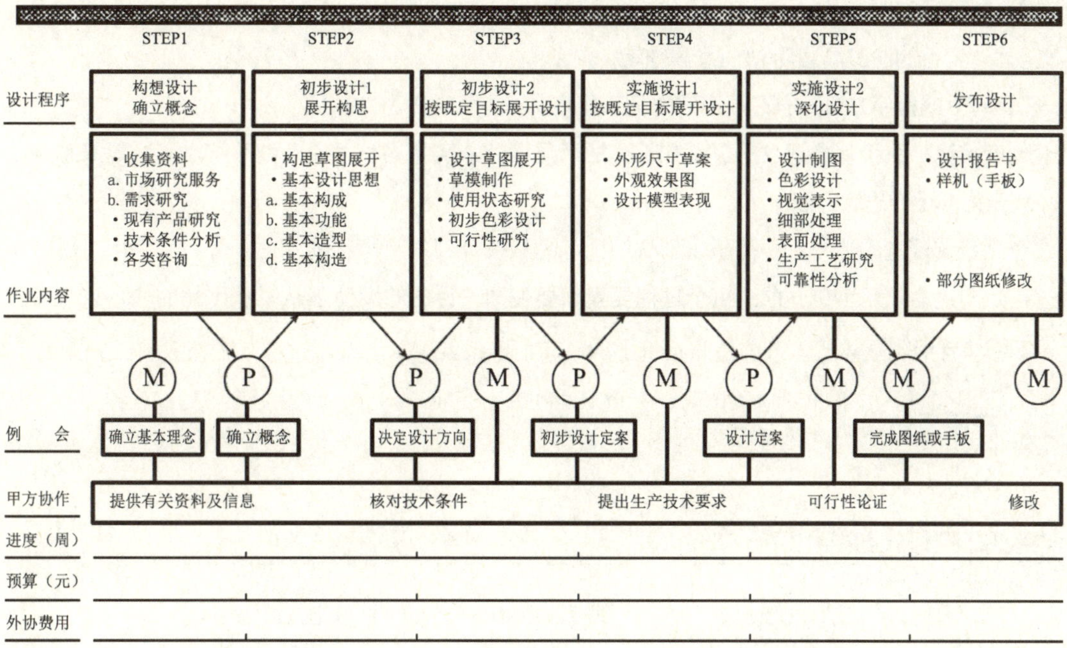

图 5-3

工业设计流程

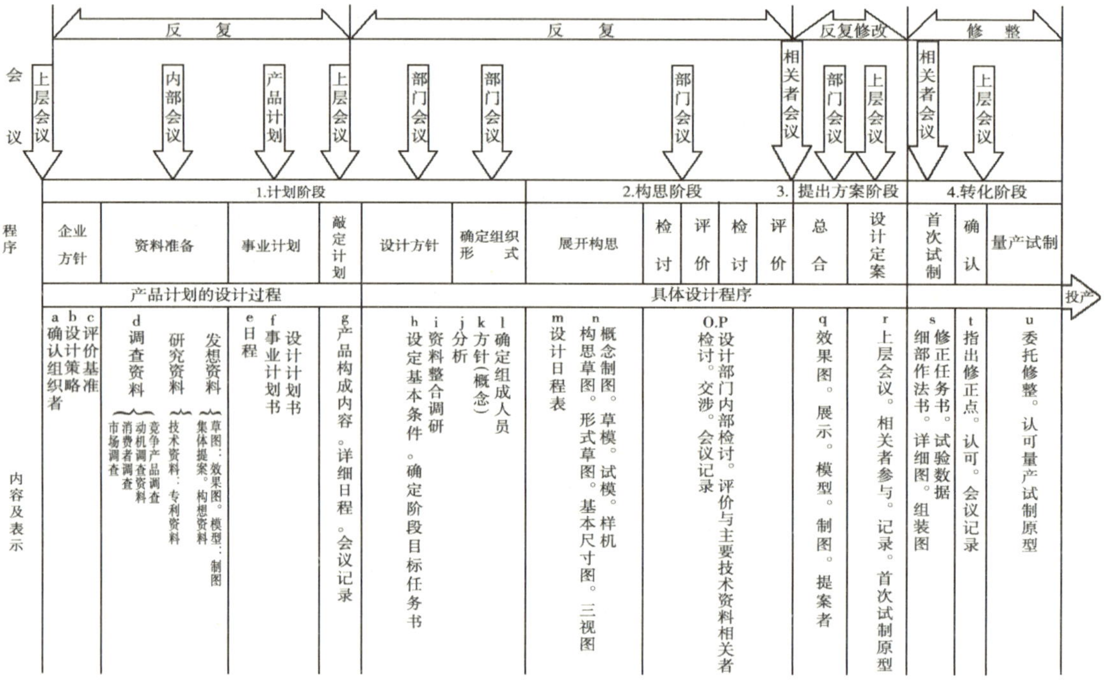

图 5-4

产品设计方法系统要素：

（1）明确设计目标的方法——需求对象的满足。

（2）达到目的的手段——单个途径与多条途经。

（3）达到目的的策略——具有原则性的手段。

（4）达到目的的工具运用——适当的有效的工具。

（5）有效的程序方法——必须遵守的运行程序。

现代产品设计系统观念建立的意义在于：把产品设计从实物的水平提升到系统水平，建立系统化、综合化、整体化的设计思维方法。

对产品系统观念的建立，要基于以下认识：产品从设计到生产再到商品化，最后到使用过后的消亡，整个过程如同生命周期系统一般，每个过程要素都要在同一目的的驱使下从属于产品的循环系统，并且从属于更大的社会系统。

二、产品系统模式

（1）O-R-O 模式

过程易于控制、结果可预见。

设计中逆向使用为：

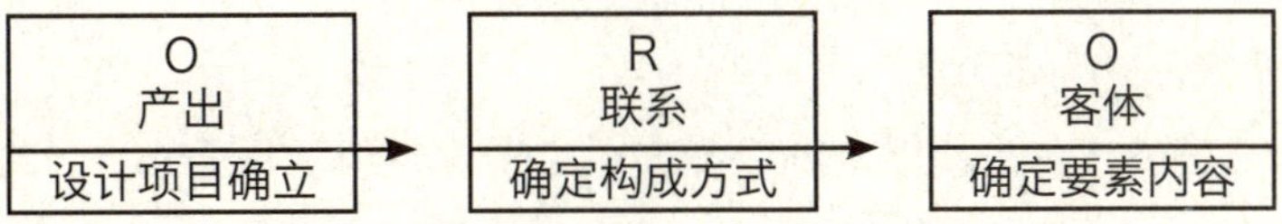

（2）串行模式

过程要素之间按顺序进行，具制约性，易于控制。

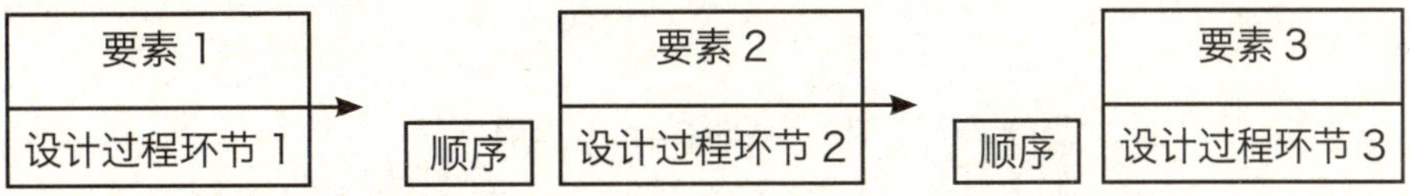

串行设计：

开发→设计→样品→试制→修改→试生产→生产。

（3）并行模式

从产品开发设计一开始就考虑到产品整个生命周期中的各个因素，包括概念的形成、需求的定位、可行性、进度、生产制造甚至商品化过程等。

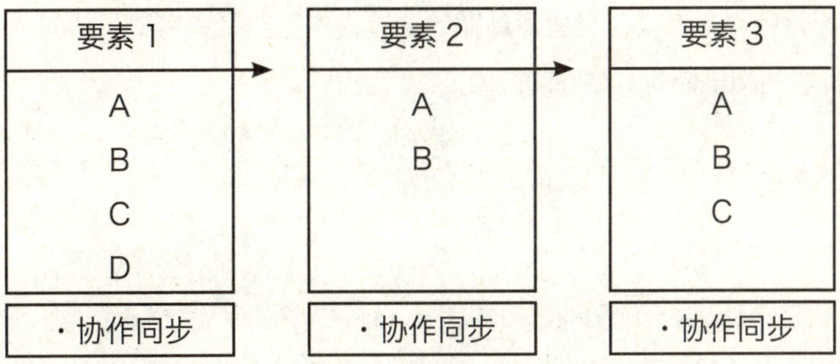

（4）并行设计

是集成、并进地设计产品及相关的各种过程的系统化工作模式。（表 5-1）

表 5-1 并行设计工作模式表

人员	工作角度的侧重
设计人员	工程 设计、功能设计、形态设计
质控人员	产品质量要求、性能的稳定
制造人员	生产工艺要求
营销人员	市场状况与要求
协作厂家	服务的可行性
用户代表	需求的满意度

三、现代产品的系统化特征

产品系统设计是从整体上来把握各要素之间的关系，通过一定的结构形式，使产品系统达到既定的功能。

产品设计是实现产品系统的一个过程，这个过程由相互作用、相互依存的若干部分整合而成，具有特定的作用，从属于产品系统。

现代产品所具有的系统化特征如下：

（1）产品信息化。①当今产品制造正逐渐进入信息化时代；②产品的发展方向也趋于信息化，包括多功能化、复合化、短小轻薄化、智能化、情感化；③产品开发设计信息化，将并行设计的新方法。

（2）产品系列化。我们经常把相互关联的一组或一套的产品称之为系列产品。有如下几种形式：①品牌系列，在一个品牌之下的多种独立的产品；②成套系列，由多种独立功能产品组成一个产品系统；③单元系列，单元产品之间具有某种相关性或依存关系，构成完整的产品系列。

系列化产品的意义：

①对于商业而言：系列化产品的开发是提高市场竞争力的重要策略。

②对于生产的意义：刚性需求的生产方式是指传统的、固定模式的自动化生产方式。柔性需求的生产方式是指能够灵活多样地小批量生产产品的生产方式。

（3）产品生态化：把产品这一人造系统与自然生态系统共同的认识看作产品生态观。而将这一观念付诸实现的过程就是产品生态化的过程。

绿色产品的基本特征为：立足于产品或产品的部分可重复使用；立足于产品或产品的部分可回收并多次利用；产品在使用寿命完结时可安全进行处理，不污染环境。

绿色产品的概念：绿色产品就是在其生命周期的全过程中，符合特定的环境和保护要求，对生态环境无污染和危害极小，资源利用率极高，能源消耗最低的产品。

四、系列产品的类型

1. 成套系列

成套系列即是配套的概念，以相同功能、不同型号、不同规格的产品构成系列。尽管成套的功能相同，各个单件部件的使用频度也不尽相同，但给合在一起可提高产品的适应性。此外，因为产品充分体现了成套的意识，这样可以增加销售，同时成套产品便于收纳，而且整齐美观，具有良好的视觉效果。

2. 组合系列

把多个具有独立功能的产品组成一个系列，可以为纵向系列，这种系列类型的特点就是可互换性。因此，要求产品具有一定的模数关系，或某个部分具有模数关系，有些还必须要遵循行业内的标准或者国家政策。由于这类产品需要标准化生产，且具有可互换性，所以要使产品具有良好的适应性。而且，这类产品通常把可互换部分分成一定数量的模块，来与产品母体相结合，从而派生出更多系列。

3. 家族系列

家族系列也具备组合系列的特点，是由拥有独立功能的产品构成。但家族系列中的产品不一定要有可互换性，而且系列中的产品往往拥有相同的功能，但形态、规格、色彩、材质会有所不同。产品之间不一定要存在功能上的相关性，家族产品更具有选择性和商业价值，从而能够更加容易产生品牌效应。

4. 单元系列

以不同功能的产品或部件为单元，各单元承担着不同的角色，为共同满足整体目标而构成的产品系列。该系列产品的功能之间不可互换，但可以存在依存关系。这种系列的产品也可以形成家族感，但与形式的统一感相比，功能上的配套性显得更加重要。从使用的角度来说，这种系列设计的意义在于能够体现功能协同上的可靠性。

五、系统设计思想

中国有句成语“意在笔先”，是出自东晋王羲之《题卫夫人笔阵图后》一文：“夫欲书者，先干研墨，凝神静思，预想字形，大小偃仰，平直振动，令筋脉相连，意在笔先，然后作字”。意思是在创作一幅画之前，首先要立意。凡事预则立，不预则废，这是做事成功的一条准则。

产品设计与绘画创作在活动初期上方法近似，先进行构思活动，将各种新产品设计的相关信息收集，比如可以利用技术现状、功能要求下的结构、产品形态和使用交互界面在头脑中选择、取舍、判断，尽量捕捉一切有可能的方案，一旦与预期目标开始接近，就可以把构思表现出来，经过反复推敲、斟酌、修改、判断，直到实现设计目标。

设计思想是通过设计作品来表现的。设计师和产品开发活动组织必须在一定的设计思想的指导下才能完成一个好的设计作品。设计思想的正确与否决定着设计结果的正确与否。立意的高低，是与创作者的艺术修养密切相关的。

图 5-5

下面通过奔驰 Smart（图 5-5）来了解该作品的设计思想：

（1）功能思想。在 20 世纪 70 年代，梅赛德斯—奔驰就注意到城市开始不断扩大和汽车数量日益增多的发展趋势，进而开始着手于未来汽车的概念设计。直到 1972 年提出了一个史无前例的设计理念，即研发一款 2.5m 长的超紧凑型轿车。这款车型的长度仅为标准车的一半，这是为解决石油危机、交通拥堵、空间拥挤等问题带来的新的解决方案。它的功能思想十分明确：一台用来代步或者购物的小型城市代步车。

(2) 艺术美学思想: 小巧灵活、活泼可爱，被誉为城市小精灵。Smart 中的 S 代表了斯沃奇（Swatch）,m 代表了戴姆勒集团（Mercedes-Benz），而 art 翻译成中文是艺术的意思，合起来可以理解为，这部车代表了斯沃奇和戴姆勒合作的艺术。

（3）人机工学思想：即从用户出发，以方便用户的使用操作为先。车子没有设置离合器踏板，只要简单地向前推排档杆就可以转换高档位，而向后拉排档杆就转换成低档了，其尺度空间完全按照两人乘坐且可以携带少量的行李来设计，座椅和操作空间及仪表显示均符合人机工学思想。

（4）安全思想。这款车的最高时速可以达到 137km，满足高速 120km/h 的限速要求，车身钢铁硬度的加强使这款汽车成为微型汽车级别中安全系数最高的汽车之一。

(5) 低成本优先的设计思想。按标准化设计的产品，超过 85% 的东西可以循环利用且没有过多的污染。

（6）节能环保思想。这款汽车的工作原理是当车速低于 8km/h，或者踩住刹车踏板时，发动机就会自行关闭；而当驾驶员松开刹车踏板时，发动机又会迅速重新启动，保证车辆继续正常行驶，在发动机关闭和重新启动的这个过程中，驾驶员不需要做换档或者其他的操作，日常驾驶习惯也不会被影响。

第三节　产品系统设计程序

一、一个专业设计流程的 7 个步骤

根据用户的要求完成一个高质量的设计工作不是容易的，而且绝大多数设计师知道构建你的有效时间管理结构是非常重要的。虽然你有许多办法可以去构建这个过程，但有几个关键的阶段，比如调查研究或修订应始终是你的时间表的一部分。下面有 7 个步骤，是大多数设计项目必经的流程。

（1）步骤 1：研究客户的概要

从研究客户的概要中预先设定好目标和背景，这些设定将是引导你最终设计的蓝图。从现在开始尽可能多地思考问题，以确保你在设计的路径上不走弯路。

突出重点：想清楚这个设计中你最想要传达的信息是什么，该通过何种方式去体现(例如标语、摄影……)? 明确好这些重点，将确保你在后续的工作中不偏离轨道。

一个全面的设计概要将作为你和客户间的参考点，确保每个人都在同一频道上，在整个过程中保持一致。

（2）步骤 2：研究市场、文化背景、竞品等

确保你有尽可能多的时间，去充分了解这个项目。最初的研究领域应该包括市场分析、客户公司的历史和文化背景，该产品竞争对手的条件和任何与该行业相关的趋势、动态。

接下来就需要分析项目的目标人群和年龄层，即客户使用该产品的年龄、性别、收入、职业、位置和生活方式等。了解你的受众是确保你传达正确信息的关键。

（3）步骤 3：头脑风暴

到这个阶段即已经研究过你的概要、客户、行业和受众，现在要做的就是把它们整合在一起，这是头脑风暴的方法之一，是将使用的结构化思维导图和你的中心理念相联系。有些人会更倾向于列出清单，或者在废纸和手机上随机写出所想象到的词汇，不限定参与者的个人喜好。

（4）步骤 4：草图

用手绘草图的方法勾勒出你的想法来定义视觉元素是一个节省时间的好办法，在产品设计的前期别想花大量的时间在 Illustrator 中提炼客户原来讨厌的概念。有了草图和设计模型之后，你就可以相对快速地创建一系列不同的方法，并得到基础元素，如 web 页面的基本布局或 logo 的形状。

（5）步骤 5：概念的扩展

一旦有了调研材料的支撑，就可以进一步深入你喜欢的概念了。通常是一个好的想法需要发展 3~5 个不同的概念给设计对象做选择，但这个数量可以根据项目的需求而上下波动。将这些概念呈现给你的客户时去解释每一个背后的基本原理和为什么它们会是成功的，这就是你掌握的设计研究派上用场的地方了。

（6）步骤 6：修正

客户选择一个概念后，设计师就要根据概念修改设计目标和大纲。客户可能很希望你从所有的概念中进行混合和匹配，或提出完全新的东西。从他们的建议中你可以提出一个改进的设计，有时，在你最终完成设计之前可能会发生好几轮的变化。

不要担心你认为最好的设计被否定，毕竟你才是设计人员，并且客户通常会乐意接受指导，但记得要基于你的建议进行研究并经常引用反馈给客户的概要。最为重要的是要在交付作品时与你的客户在主观意

识上取得一致，在一种基于你了解的最有效的既定目标上。

（7）第七步：完成

没有什么比把一个完整的项目做完并得到客户满意更有价值，所以祝贺自己的工作做得很好，再次检查并开始下一个设计。

二、产品设计程序分析

设计程序是指产品设计的过程和次序，其中包括产品的信息收集、设计分析、设计展开、生产销售和信息反馈等。一般情况下，完整的设计程序要分为三个阶段：一是设计的准备阶段，首先进行各类相关信息的调查、分析与综合，探讨和研究产品计划的可能性；二是在确定设计课题的基础上展开设计，包括设计观念和目标的定位，完成效果模型和设计方案的可行性研究，完成设计样品的试制，并对其功能效用、工艺性能和外观形式进行测试和评价；三是辅助生产销售阶段，设计人员还应该参加产品生产过程中有关工艺技术的调整和质量的跟踪，同时产品的市场传播也需要设计师对产品包装、运输等环节作主导性或辅助性的设计和规划。

产品设计程序的前期流程一般包括：前期准备，产品企划、确定概念，市场调查和分析，探测消费倾向等。

（1）前期准备

在设计的前期准备阶段，首先要解决两个关键性的问题：一是经营方针，二是开发体制。产品开发是一个系统的过程，参与项目的部门和代表部门的成员都来自于不同的专业领域。

表 5-2　项目组构成及项目分工

项目管理	项目分工	期限
项目管理	· 项目组构成 · 开发范围和开发内容研讨 · 开发进度	1 个月
设计概念	· 市场调查的范围和调查项目研讨 · 市场调查的实施和分析 · 调查评价和产品范围、用户目标 · 商品企划、确立设计概念	2 个月
造型设计	· 产品使用环境和使用状态分析 · 产品系统构成形式分析 · 产品机构和功能研究 · 展开设计（构思草图、概念模型） · 设计评价（效果图、外观模型） · 样机制作和综合评价	1 个月
工艺设计投产	· 工艺设计 · 量产化、生产技术研讨 （Original Equipment Manufacturer）选择	2 个月
促销	· 制订促销计划 · 建立分销点和分销谈判 · 样本广告制作 · 论证会和研讨会	3 个月

（2）产品企划、确定概念

产品企划是在项目方案的基础上展开的，是整个设计的重要阶段，产品企划完成的质量将直接影响设计的最终结果。要确定产品的定位，便于充分考虑经营、销售、技术等不同侧面的问题，使相关部门统一步调，一致进入下一个程序。（图 5-6）

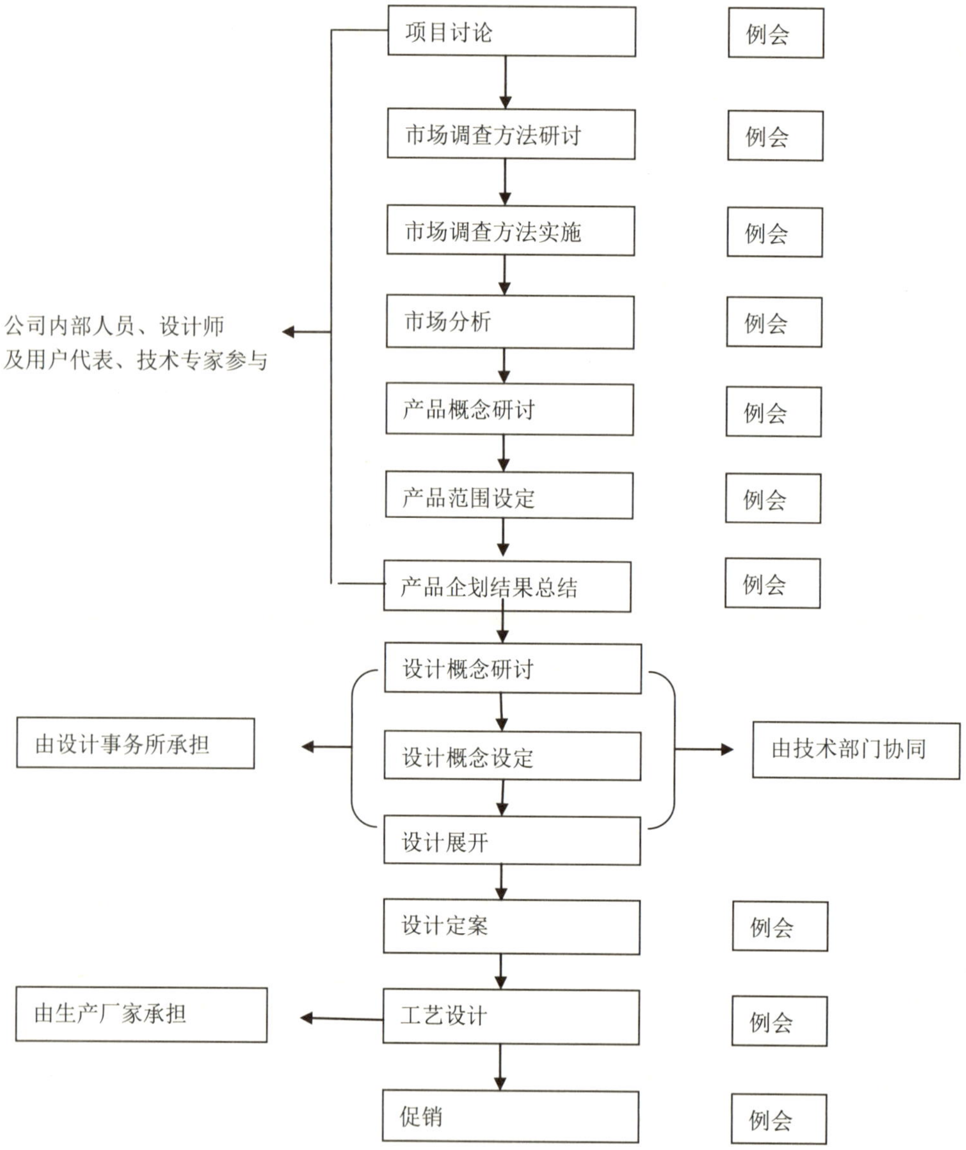

图 5-6

（3）市场调查和分析

这个阶段要达成以下目标：

①探索产品化的可能性；

②通过对调研结果的分析发现用户潜在的需求；

③开成具体的产品面貌；

④发现开发中的实际问题点；

⑤把握相关产品的市场倾向；

⑥寻找与同类产品的差异，以树立本企业特有的产品形象；

⑦寻求商品化的方向和途径。

市场调查的形式多种多样，关键是要选择能够达到预期效果的手段。最初出发点是能发现重要的需求和找到商品化的途径。市场调查基本构成如图 5-7 所示：

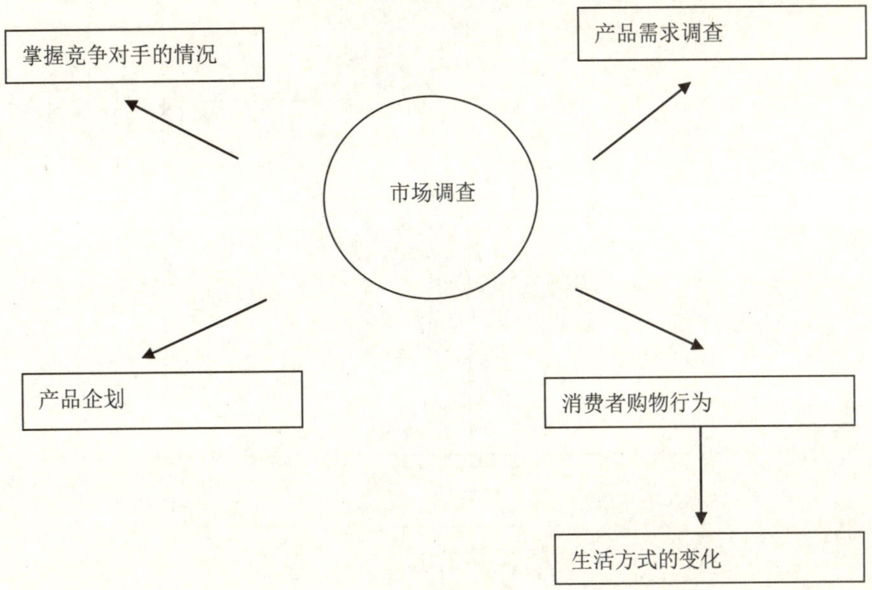

图 5-7

（4）探测消费倾向

在市场调查之前，我们先要了解所开发产品的背景，即对现在的消费环境要有一个定性的分析，如图 5-8、图 5-9 所示：

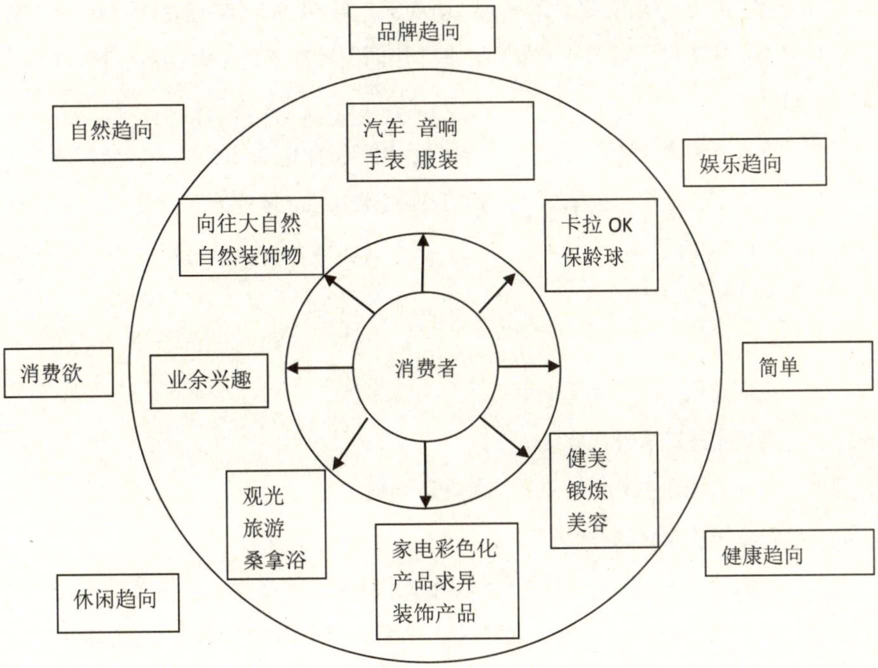

图 5-8

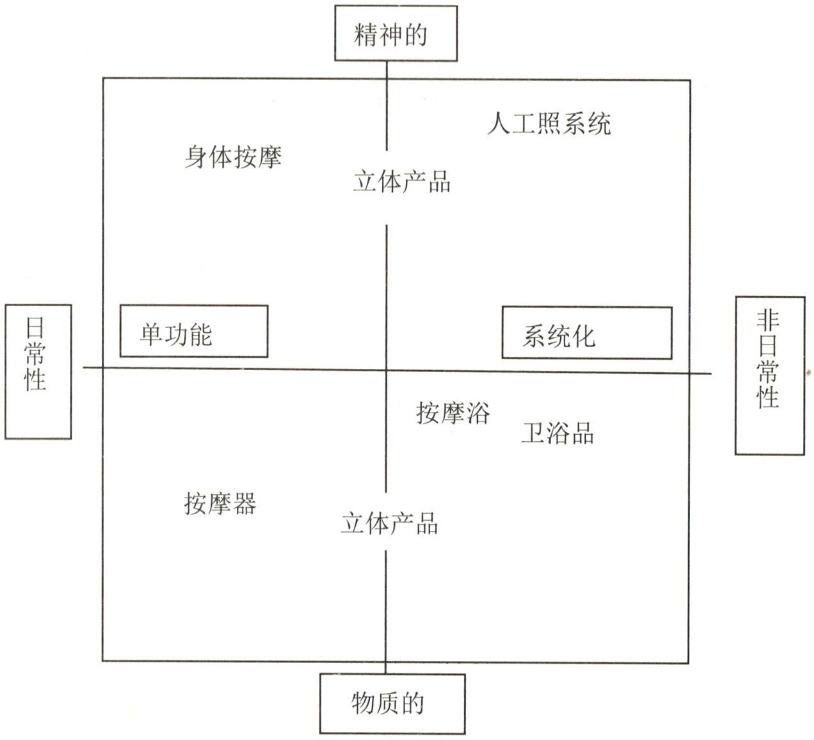

图 5-9 音响定性分析

第四节　产品系统案例分析

鼠标产品的系统调研分析：

鼠标是人操作电脑、传递信息的媒介工具，我们每天的学习和工作中都会用到鼠标，使用鼠标的时间与频率甚至比生活中的其他工具要高出一倍或者更多。目前鼠标在市场上大约存在着 60 多个大大小小的品牌及 1000 多款产品。

鼠标是计算机显示系统纵横坐标定位的指示器，因外形特点像老鼠而称为“鼠标”，中国港台地区称为滑鼠。“鼠标”的全称应该称作“鼠标器”，英文名为 Mouse。鼠标的使用使得计算机的操作更加便捷，可以用来代替键盘烦琐的指令。

鼠标的功能：用于向电脑发出指令。

鼠标的操作方式：

①单击左键时：选定对象或执行菜单命令。

②双击左键时：选定程序或打开对象。

③单击右键时：打开快捷菜单或所指对象的属性对话框。

④左 / 右键拖动时：移动或复制图标的内容。

工作原理：鼠标按其工作原理的不同可以分为机械鼠标和光电鼠标。机械鼠标主要由滚球、辊柱和光栅信号传感器组成，当你拖动鼠标时，带动滚球转动，滚球又带动辊柱转动，装在辊柱端部的光栅信号传感器产生的光电脉冲信号反映出鼠标器在垂直和水平方向的位移变化，再通过电脑程序的处理和转换来控制屏幕上光标箭头的移动。光电鼠标器是通过检测鼠标器的位移，将位移信号转换为电脉冲信号，再通过程序的处理和转换来控制屏幕上的鼠标箭头的移动。光电鼠标用光电传感器代替了滚球。这类传感器需要特制的、带有条纹或点状图案的垫板配合使用。

①光学鼠标

光学鼠标器是微软公司设计的一款高级鼠标。它采用 Intellieye 技术，在鼠标底部的小洞里有一个小型感光头，面对感光头的是一个发射红外线的发光管，这个发光管每秒钟向外发射 1500 次，然后感光头就将这 1500 次的反射回馈给鼠标的定位系统，以此来实现准确的定位。所以，这种鼠标可在任何地方无限制地移动。

②两键鼠标和三键鼠标

另外，鼠标还可以按键数分为两键鼠标、三键鼠标和新型的多键鼠标。两键鼠标和三键鼠标的左右按键功能完全一致，在通常情况下，我们用三键鼠标的中间按键的机会很少，但在使用某些特殊软件时（如 CAD 等），这个键也会起到一些重要作用。比如三键鼠标在 CAD 软件中就可以利用中键快速启动常用命令，大大提高了工作效率。多键鼠标是新一代的多功能鼠标，现有的鼠标上大都带有滚轮，大大方便了上下翻转页面的效率，有的新型鼠标上除了设置有滚轮，还增加了拇指键等快速按键，进一步简化了操作程序。

③滚轴鼠标和感应鼠标

滚轴鼠标和感应鼠标在笔记本电脑上使用很普遍，往不同方向去转动鼠标中间的小圆球，或在感应板上移动手指，光标就会向相应方向移动，当光标到达预定位置时，按下鼠标或感应板就可执行相应的功能。

④无线鼠标和 3D 鼠标

无线鼠标和 3D 振动鼠标都是为了适应大屏幕显示器而生产的。所谓“无线”即不用电线连接使用，而是采用两节七号电池无线遥控，鼠标器有自动休眠功能，电池可用上一年，接收范围在 1.8 米以内。

⑤ 3D 振动鼠标

3D 振动鼠标是一种新型的鼠标器，它不仅可以当作普通的鼠标器使用，而且具有以下几个特点：

a. 具有全方位立体控制能力。具有前、后、左、右、上、下六个可移动方位，而且可以两两组合出前右、左下等移动方向。

b. 外形和普通鼠标不同。一般由一个扇形的底座和一个能够活动的控制器构成。

c. 设置有振动功能，即触觉回馈功能。玩一些竞争类游戏时，当你被敌方击中时，你会感觉到你的鼠标也振动了。

d. 三键式鼠标。无论是在 DOS 还是 Windows 环境下，鼠标的中键和左右键都能派上用场。

⑥有线无线鼠标

有线无线鼠标是在光电鼠标的基础上进行改良的，通过 RF 无线传输实现无线鼠标的功能，同时鼠标内部也可以安装充电电池。

⑦鼠标行业认证

目前鼠标产品的认证多而繁杂，很多国家都有自己不同的标准，但主要集中于产品质量、安全等方面。以下是一些具有代表性的认证类型（表 5-3）：

表 5-3　鼠标行业认证表

认证图标	认证名称	认证机构	认证内容
	CE 安全认证	欧盟	检测产品在安全、卫生、环保和消费者保护等方面是否达到欧洲和《技术协调与标准化新方法》的指令要求
	FCC	美国	电脑外设产品如果想出口到美国，必须通过由政府授权的实验室根据 FCC 技术标准来进行检测和批准
	CSA	加拿大	是主要针对电子、电器等产品安全方面的认证，对产品进入北美市场有极大的帮助
	UL 认证	美国	UL 是美国保险商实验室（Underwriter Laboratories Inc.）的简写，它采用科学的测试方法来研究确定各种材料、装置、产品、设备、建筑等对生命、财产有无危害和危害的程度

⑧鼠标行业现状及发展前景

a. 鼠标行业现状

近年来，随着电脑性能的快速提升和销售上涨，带动了电脑周边产品的迅速普及，同时因为技术的不断创新，新产品层出不穷，整个电脑周边行业的发展如火如荼。

· 行业出口情况

据报道统计，我国鼠标每年的出口增长率比较稳定，而且单个商品的出口价格还略微有所提高。（图 5-10）

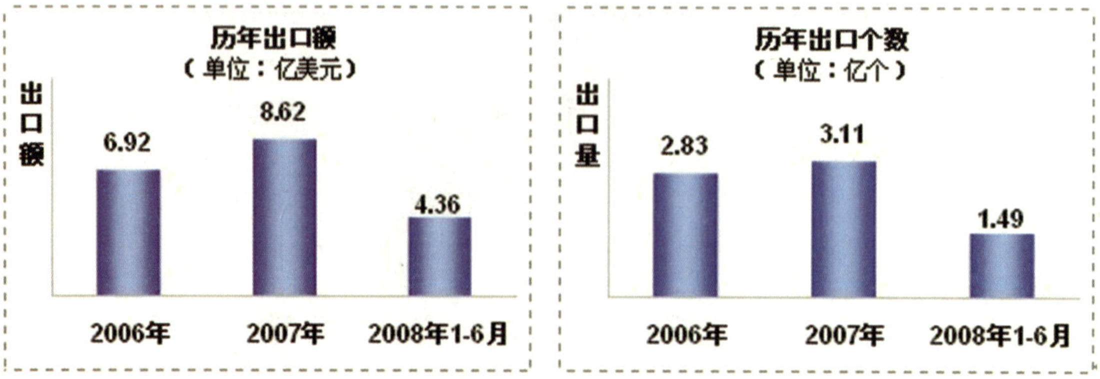

图 5-10

b. 鼠标行业国际市场需求分析

· 美国

美国的电脑人均拥有量非常大，导致其电脑周边产品的需求也非常大，其中有 44% 的鼠标是从中国大陆进口，其次是从新加坡、马来西亚、泰国和日本进口。从中我们可以了解，美国绝大部分的产品都是从亚洲劳动力密集的地区进口（图 5-11）。

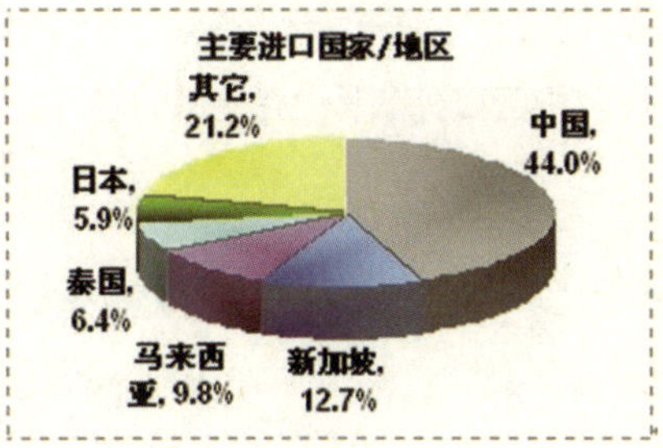

图 5-11

c. 鼠标行业明星

· 国内行业明星（表 5-4）

表 5-4　鼠标行业部分企业

Logo	公司名称	地区	公司介绍
汉王 Hanvon	汉王科技股份有限公司	北京	汉王科技股份有限公司成立于 1998 年，以多年的科研成就为底蕴，在国家“八五”“九五”“863”以及自然科学基金等重点项目的支持下，率先研究、开发、应用和推广多元智能人机交互技术与产品
雙飛燕	东莞众誉电子有限公司	东莞	双飞燕始终致力于技术创新、产品创新、生产创新，始终坚定不移地走专业化发展道路，不断地推陈出新。从著名到不能再著名的 2D 机械鼠时代到如今的“X 系列引擎”时代，双飞燕始终引领着行业的发展，不但铸就了国人心目中坚不可摧的第一品牌，也铸就了“夺奖之王”的美誉
DeLUX	深圳多彩科技集团	深圳	多彩科技创建于 1993 年，主要从事数码 MP4/MP3、摄像头、机箱、电源、键盘、鼠标、音箱、CPU 冷却风扇等数码及电脑零部件的研究、开发、生产和销售

· 国际行业明星（表 5-5）

表 5-5　鼠标行业国际品牌

Logo	公司名称	地区	Logo	公司名称	地区
Logitech	罗技 (Logitech International SA)	瑞士	actto	actto 办公用品有限公司	韩国
Microsoft	微软 (Microsoft)	美国	RAZER	Razer	美国
rapoo	雷柏	德国	VICI	VICI	美国

d. 鼠标行业发展前景

未来的鼠标行业将朝着更为人性化的方向发展，更为先进的光学传感器以及更为舒适的手感入手，无线技术的应用将是鼠标未来的主要发展方向。鼠标将达到更高解析率以及扫描次数，使它在高节奏的游戏中或者设计中移动更为平滑，手感也将更为舒适。无线技术也会在未来的鼠标上全面普及。

中国鼠标品牌关注比例如图 5-12 所示：

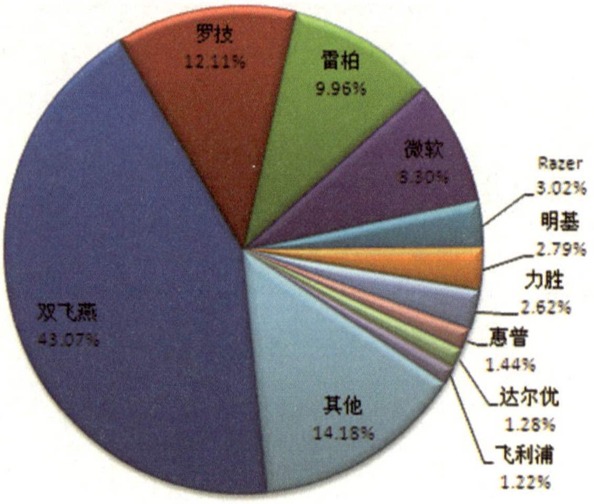

图 5-12 中国鼠标品牌关注比例

市场综述：

双飞燕是用户最为关注的鼠标品牌，关注比例 43.07%，罗技、雷柏、微软也有不错的表现。

双飞燕半年来关注比例涨幅达 12.75%，上升明显。

双飞燕低价区间产品众多，关注比例高有迹可循 。

双飞燕凭借高达 43.07% 的关注比例成了用户最为关注的鼠标品牌。罗技产品排名第二，获得了 12.11% 的关注比例。雷柏、微软分别以 9.96% 和 8.3% 的成绩获得第三与第四的位置。其他品牌用户关注比例较低，均在 5% 以下。

双飞燕是发展比较早的鼠标品牌，一直以来都给以人经济实惠的感觉。双飞燕的产品相对价格较低，50 元以下的光电产品，相信在其他“大品牌”里是难以找到的，双飞燕也凭借了这种明确的市场定位，得到了用户的一致好评。

中国鼠标关注比例 TOP10 品牌走势分析，如图 5-13、图 5-14 所示：

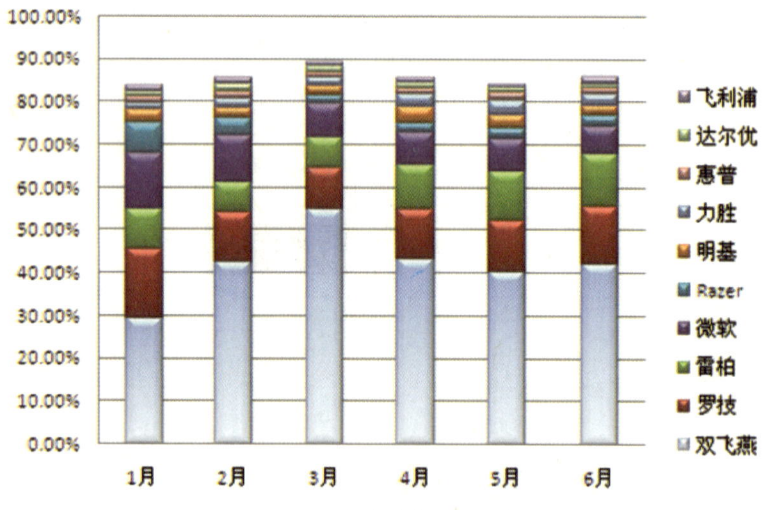

图 5-13 TOP10 品牌关注比例每月走势

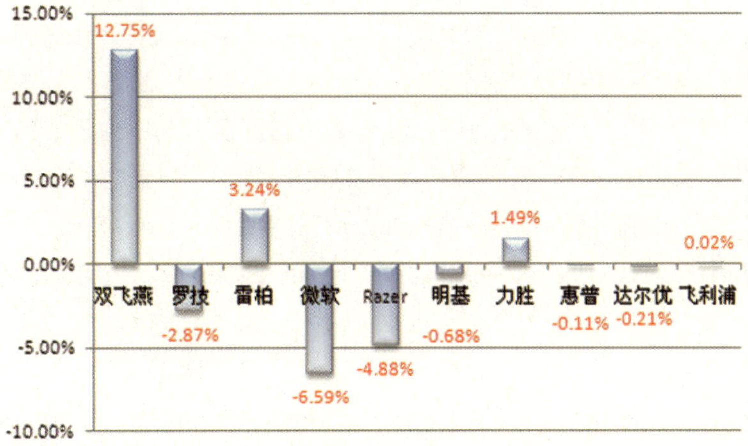

图 5-14 中国鼠标品牌 TOP10 关注比例浮动变化分析

在其他品牌关注比例普遍下降的情况下，双飞燕不但没有受到经济形势的影响，还得到了更多用户的关注。

中国鼠标品牌 TOP10 产品数量比例与关注比例对比分析，如图 5-15、图 5-16 所示：

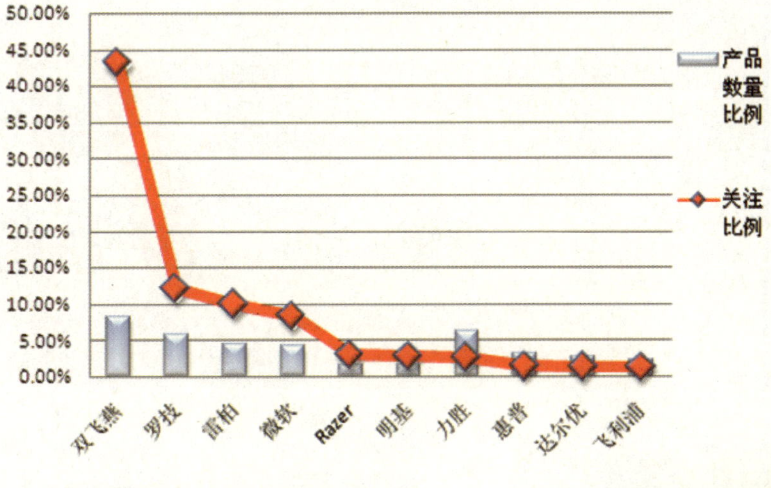

图 5-15 重点品牌产品数量比例与关注比例对比

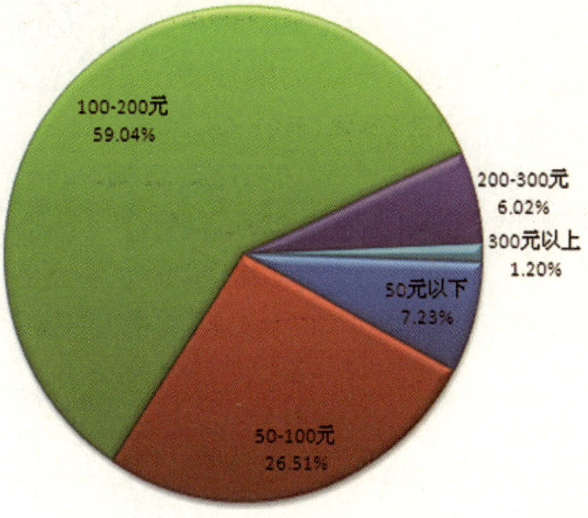

图 5-16 双飞燕产品价格分布比例

双飞燕仅仅占有市场 8.24% 的产品，却在上半年得到了 43.07% 的超高关注比例。罗技、雷柏、微软也在用户心中占据重要位置，用户关注比例都大于产品比例。而其他品牌两者比例基本成正比，这也可以推测到大部分用户在准备购买鼠标时，脑海中最容易浮现出的品牌是双飞燕、罗技、雷柏、微软这几种。

双飞燕目前在市场有 80 多款产品，其中 50 元以下的产品占其中的 7.23%，50~100 元的占 26.51%，100~200 元的占 59.04%，200~300 元占 6.02%，300 元以上仅占 1.2%。

经过一系列的前期系统调研分析，请各位读者从鼠标行业寻找到不足点、痛点，完善接下来的草图设计方案、方案推敲、设计概念确定、最终产品建模渲染、产品排版及生产工艺、销售流程。

课题训练

1. 选取一个产品，试分析它的系统设计思想。
2. 按照产品系统设计流程设计一款产品。

本章思考与练习

1. 完善第四节鼠标设计的流程。
2. 选取一个产品，思考同类产品的竞争优势有哪些。

参考文献

[1] 葛杨，邱志明 . 设计方法学 [M]. 哈尔滨：哈尔滨工程大学出版社，2013.

[2] 郑建启，李翔 . 设计方法学 [M]. 北京：清华大学出版社，2012.

[3] 简召全 . 工业设计方法学 [M]. 北京：北京理工大学出版社，2011.

[4] 卢艺舟，华梅立 . 工业设计方法 [M]. 北京：高等教育出版社 .2010.

[5] 罗伯特 · K. 殷 . 案例研究：设计与方法 [M]. 重庆：重庆大学出版社，2010.

[6] 曾华 . 突破自我：成功人士的思维诀窍 [M]. 北京：中华工商联合出版社，2000.

[7] 许国志 . 系列科学 [M]. 上海：上海科技教育出版社，2000.

[8] 吴翔 . 产品系列设计 [M]. 北京：中国轻工业出版社，2000.

[9] 贝拉 · 马丁 . 通用设计方法 [M]. 北京：中央编译出版社，2013.

[10] 朱祖祥 . 工业心理学 [M]. 杭州：浙江教育出版社，2001.

[11] 李彬彬 . 设计心理学 [M]. 北京：中国轻工业出版社，2001.

[12] 代尔夫特理工大学工业设计工程学院 . 设计方法与策略 : 代尔夫特设计指南 [M]. 武汉：华中科技大学出版社，2014.

[13] 卡扎罗托 . 设计的方法 [M]. 北京：人民邮电出版社，2014.

[14] 李彦 . 产品创新设计理论及方法 [M]. 北京：科学出版社 .2012.

[15] 赫伯特 · A. 西蒙 . 人工科学：复杂性面面观 [M]. 武夷山译 . 上海：上海科学技术出版社，2004.

[16] 李砚祖 . 设计艺术学研究的对象及范围 [J]. 清华大学学报（哲学社会科学版），2003（5）.

[17] 胡飞 . 问道设计 [M]. 北京：中国建筑工业出版社，2011.

[18] 韩春明 . 产品设计原理与方法 [M]. 合肥：合肥工业大学出版社，2009.

[19] 王坤茜 . 产品设计方法学 [M]. 长沙：湖南大学出版社，2015.

[20] 李月恩，王震亚 . 设计思维 [M]. 北京：国防工业出版社，2011.